W0263669

Berichte des Ausschusses für Versuche im Stahlbau

Herausgegeben vom
Deutschen Stahlbau-Verband (D. St. V.) (früher Deutscher Eisenbau-Verband)

Die Versuchsarbeiten des Deutschen Stahlbau-Verbandes wurden sofort nach Kriegsbeendigung wieder aufgenommen und in großzügigem Maßstabe fortgesetzt. Im Mittelpunkt der Arbeiten standen Versuche und Untersuchungen über das Knickproblem, und der vorliegende Bericht erstreckt sich auf diese Arbeiten. Die Bedeutung der Ergebnisse für Wissenschaft, Verwaltungen, Aufsichtsbehörden und die Stahlbauindustrie ließ die Veröffentlichung der Ausgabe B mit der Bearbeitung und Auswertung der Versuchsergebnisse und der daraus zu ziehenden Folgerungen vordringlich erscheinen. Der rein versuchstechnische Teil dieser Arbeiten wird als Ausgabe A nachfolgen.

Bisher sind erschienen:

Ausgabe A, Heft 1:

Der Einfluß der Nietlöcher auf die Längenänderung von Zugstäben und die Spannungsverteilung in ihnen

Nach Versuchen im Königlichen Materialprüfungsamt zu Berlin-Lichterfelde
Berichterstatter: Geh. Regierungsrat Professor Dr.-Ing. **Max Rudeloff.**
Mit 30 Textfiguren. IV und 65 Seiten 4⁰. Preis RM 3.60

Ausgabe B, Heft 1:

Zur Einführung — Bisherige Versuche

Berichterstatter: Reg.-Baumeister a. D. Dr.-Ing. **Kögler**
Mit 26 Abbildungen. IV und 56 Seiten 8⁰. Preis RM 1.65

Ausgabe A, Heft 2:*)

Versuche zur Prüfung und Abnahme der 3000 t-Maschine

Berichterstatter: Geh. Regierungsrat Professor Dr.-Ing. **Max Rudeloff**
Mit 73 Textfiguren. III und 82 Seiten 4⁰. Preis RM 3.80

Ausgabe A, Heft 3:*)

Versuche mit Anschlüssen steifer Stäbe

Berichterstatter: Geh. Regierungsrat Professor Dr.-Ing. **Max Rudeloff**
Mit 96 Textfiguren. III und 84 Seiten 4⁰. Preis RM 3.80

Ausgabe B, Heft 4:

Versuche zur Ermittlung der Knickspannungen für verschiedene Baustähle

Von **W. Rein**, o. Professor an der Technischen Hochschule Breslau
Mit 42 Abbildungen. Preis RM 6.—

*) Die für die Ausgabe B in Aussicht genommenen Hefte 2 und 3 erscheinen nicht unter Hinweis auf die schon in den Heften 2 und 3 der Ausgabe A enthaltenen Angaben.

Deutscher Stahlbau-Verband (D. St. V.)
(früher Deutscher Eisenbau-Verband)

Berichte des Ausschusses

für

Versuche im Stahlbau

Ausgabe B

Heft 4

Versuche zur Ermittlung der Knickspannungen für verschiedene Baustähle

Von

W. Rein

o. Professor an der Technischen Hochschule Breslau

Mit 42 Textabbildungen

Berlin
Verlag von Julius Springer
1930

ISBN 978-3-7091-5175-4   ISBN 978-3-7091-5323-9 (eBook)
DOI 10.1007/978-3-7091-5323-9

Vorwort.

Das lange umstrittene Knickproblem war dem Ausschuß für Versuche im Eisenbau schon seit seiner im Jahre 1908 erfolgten Gründung Gegenstand ernster Aufmerksamkeit, und die Verfolgung des Problems führte bereits im Gründungsjahr zu groß angelegten Versuchsplänen, für deren Durchführung u. a. im Jahre 1911 unter erheblichem Kostenaufwand die damals größte Prüfmaschine der Welt zur Aufstellung gelangte[1]). Gar mannigfach waren die bis in die ersten Kriegsjahre verfolgten, zum Teil auch nur zu Plänen gediehenen Arbeiten des Ausschusses, und bei allen Arbeiten war das Streben nach der Anlehnung an praktische Verhältnisse — vornehmlich an praktische Ausführungen — vorherrschend. Die damaligen Arbeiten sollten nicht, wie die vorausgegangenen bedeutsamen Untersuchungen Tetmajers[2]), zur Gewinnung einer „Knickformel" führen, vielmehr sollten sie Grundlagen schaffen für die einwandfreie Ausbildung und Bindung der in der Praxis meist vorkommenden gegliederten Druckstäbe. Mit der geringen zur Durchführung gekommenen Zahl der Versuche wurde das Ziel nicht erreicht, zumal sich ja auch in deren Ergebnissen die Überlagerung vieler Einzeleinflüsse ausdrücken mußte[3]).

Aus dem lebhaften Widerstreit der Meinungen über die mannigfachen in Gebrauch befindlichen Berechnungsvorschriften war andererseits zu erkennen, daß der Lösung dieser Frage zum wenigsten die gleiche Bedeutung und Dringlichkeit zukam. Die Anerkennung der Eulerformel hatte sich mehr und mehr durchgesetzt, und die Nachprüfung der viel bestrittenen von Tetmajer aufgestellten Geraden für die Knicklasten des praktisch bedeutsamsten sog. Bereichs der unelastischen Knickung schien in erster Linie geboten. In einer wenig beachteten Arbeit hat schon Jahrzehnte vorher Engesser[4]) ein Verfahren zur Errechnung der die Elastizitätsgrenze überschreitenden Knicklasten aus der Druckdehnungslinie des Baustoffes angegeben. Später hat Karman[5]) das gleiche Verfahren aufgestellt und durch bedeutsame Versuche mit Chrom-Nickel-Stählen nachgeprüft. Für das zu erreichende Ziel kamen die Ergebnisse der Karmanschen Arbeiten der abweichenden Zusammensetzung und physikalischen Eigenschaften des verwendeten Stahles wegen leider nicht in Betracht. Damit waren aber die Grundlagen für diese Untersuchungen gegeben, und im Ausschuß für Versuche im Stahlbau entstand ihnen in Fischmann[6]) ein eifriger Verfechter. In vollständiger Übereinstimmung mit dessen Anschauungen, dem Rufe Fischmanns, dem damaligen Geschäftsführer des Deutschen Stahlbau-Verbandes, Folge leistend, übernahm der Verfasser unmittelbar nach Kriegsbeendigung die Leitung und Durchführung der Versuchsarbeiten des Ausschusses. Den geplanten Versuchen entstanden zunächst innerhalb des Ausschusses große Schwierigkeiten, und ein im Jahre 1920 vom Verfasser vorgelegter Versuchsplan, der sich auf den von Engesser und Karman gegebenen Grundlagen aufbaute, verfiel zunächst der Ablehnung, hauptsächlich wegen der damit in Kauf zu nehmenden Abweichung von praktischen Verhältnissen. Erst die Unergiebigkeit mehrerer Jahre in Anspruch nehmender Versuche anderer Art führte auch im Ausschuß zu der Erkenntnis, daß das

---

[1]) Z. d. V. D. I. 1912, S. 479.

[2]) Die Gesetze der Knickungs- und zusammengesetzten Druckfestigkeit der technisch wichtigsten Baustoffe. Leipzig: Fr. Deuticke 1903.

[3]) Verh. d. V. z. Förderung d. Gewerbefleißes 1912, H. 9. Ferner: Berichte des Ausschusses für Versuche im Eisenbau, H. 1, Ausgabe B und H. 2, Ausgabe A.

[4]) Z. d. Hannoverschen Ing.- u. Arch.-Vereins 1889, S. 455 und Schweiz. Bauzg. 1895, S. 24.

[5]) Untersuchungen über Knickfestigkeit, Forschungsheft 81 des V. D. I., Berlin 1910.

[6]) Der Eisenbau 1916, S. 255.

angestrebte Ziel nur im Rahmen des Vorschlages vom Jahre 1920 erreichbar war. Indessen erwiesen sich diese Vorarbeiten nicht nutzlos, denn sie führten — allerdings nicht ohne lebhaften Meinungsstreit — zu einer höchst willkommenen Verfeinerung der Versuchsdurchführung, welche eine sehr weitgehende Annäherung an den störungsfreien Knickvorgang gewährleistete. Nach den aus den Vorversuchen gewonnenen Erkenntnissen mußte sowohl die Beschaffenheit der Probestäbe als auch ihre Einrichtung in der Prüfmaschine und die Art ihrer Lagerung besonderen Anforderungen gerecht werden. Wie weit hierbei die Meinungen innerhalb des Ausschusses auseinander gingen, möge die Tatsache dartun, daß über die bei den Versuchen zur Verwendung kommende Lagerung abgestimmt werden mußte, und daß gegen die schließlich zur Verwendung kommende Schneidenlagerung sämtliche Vertreter der Materialprüfungsämter Bedenken der verschiedensten Art geltend machten.

Für die Versuchsstähle wählte der Verfasser die gleichen Abmessungen wie Karman. Zunächst wurden die Probestäbe in bearbeitetem und ausgeglühtem Zustande verwendet, um Stabkrümmungen zu vermeiden und Walzspannungen zu beseitigen. Später konnte auf Grund von Vergleichsversuchen und namentlich infolge der von Zimmermann in Anlehnung an diese Versuche aufgestellten Erweiterung der Eulerschen Knicktheorie[7]) mit gleichbleibendem Erfolg sowohl auf die Bearbeitung als auch auf das Ausglühen verzichtet werden. Den Lieferwalzwerken wurde die Bedingung auferlegt, die Prüfstäbe mit gleichmäßigem Gefüge und möglichst gleichmäßigen, den Gütevorschriften entsprechenden physikalischen Eigenschaften und möglichst ohne Walzspannungen und Krümmungen herzustellen. Insbesondere wurde darauf geachtet, daß die Streckgrenze der Prüfstäbe möglichst unter sich und mit den jeweiligen Gütevorschriften übereinstimmten. Das Auswalzen der Stäbe wurde in der Regel vom Verfasser oder von einem Herrn des Staatl. Materialprüfungsamtes überwacht.

Für das Einrichten der Prüfstäbe in der Prüfmaschine wurden von Zimmermann und Müller-Breslau Beziehungen aufgestellt, welche die Herren des Staatl. Materialprüfungsamtes mit großem Geschick zu einem besonders verfeinerten Verfahren ausbauten.

Die zu beschaffende Schneidenlagerung sollte besonderen Anforderungen genügen. Neben möglichst reibungslosem Spiel und Vermeidung störender Formänderungen der Schneide und Pfanne wurden genaue Einstellvorrichtungen für die Prüfstäbe gefordert. Außerdem waren Vorkehrungen zu treffen, welche genau gleichmäßige Anlage der Schneide in der Pfanne und gleichmäßige Druckverteilung auf die ganze Schneidenlänge gewährleisteten. Schließlich sollte das Stabende mit der Drehachse übereinstimmen und damit der störende Einfluß der durch die Druckplatten verkörperten sog. „starren Stabenden" vermieden werden. Die nach dem Grundgedanken von Panzerbieter entworfene Konstruktion für 50 Tonnen Höchstdruck wurde von der Maschinenfabrik Mohr & Federhaff in Mannheim geliefert und hat bei der großen Zahl von Versuchen den Anforderungen voll entsprochen.

Über die Gesamtheit dieser Fragen hat der Verfasser bereits 1923 ausführlich berichtet[8]), und soweit in dem vorliegenden Bericht auf nähere Einzelbegründungen verzichtet werden mußte, sei auf diese Veröffentlichung verwiesen.

Die ersten Versuchsreihen wurden mit dem im deutschen Stahlbau allgemein gebräuchlichen Baustoff St 37 durchgeführt. Mit der Einführung der hochwertigen Stähle St 48 und St Si ergab sich im Laufe der Arbeiten die Notwendigkeit, die Untersuchungen auch auf diese Stähle auszudehnen.

Noch während sich diese Knickversuche im Gang befanden, wurde nach den Vorschlägen des Verfassers die Darstellung der Druckdehnungslinien für die drei in den Bereich der Versuche gezogenen Baustähle eingeleitet, mit dem Ziel, aus den Formänderungen beim Druckvorgang die Knicklasten nach dem Berechnungsverfahren von Engesser-Karman zu ermitteln und mit den aus den Knickversuchen gewonnenen zu vergleichen. Die Schwierigkeiten, welche mit der einwandfreien Darstellung der Druckdehnungslinie verbunden sind, werden in dem betreffenden Abschnitt besonders behandelt. Bei der schließlichen Lösung der Aufgabe kamen uns die Erfahrungen und die verständnisvolle Mitarbeit des Staatl.

---

[7]) Sitzungsberichte der Preuß. Akademie der Wissenschaften 1923, H. XXIII u. XXV.
[8]) Der Bauingenieur 1923, S. 537.

Materialprüfungsamtes besonders zustatten. Die in den letzten Jahren mehrfach gegen das Engesser-Karmansche Berechnungsverfahren erhobenen Einwände waren uns Veranlassung, etwas näher auf die theoretischen Grundlagen des ganzen Verfahrens einzugehen, und den Versuch einer genaueren Spannungsermittlung zu unternehmen. Die unmittelbar aus den Versuchen gewonnenen Beobachtungswerte sind hierbei nur so weit angeführt, als sie zur Begründung der gezogenen Schlüsse erforderlich sind.

Die eigentliche Versuchsdurchführung mit allen Beobachtungswerten soll später in einem besonderen Bericht des Staatl. Materialprüfungsamtes bekanntgegeben werden.

Die Ergebnisse der mit diesem Bericht abgeschlossenen Untersuchungen können im Sinne des angestrebten Zieles nur zur Klärung eines bescheidenen Teiles des Knickproblemes beitragen.

Wir hoffen, daß durch die gute Übereinstimmung der auf zwei verschiedenen Wegen gewonnenen Knicklasten eine zuverlässige Grundlage geschaffen ist, auf welcher weitere Untersuchungen des Problems aufgebaut werden können. Außerdem werden die neuesten Berechnungsvorschriften der Deutschen Reichsbahn-Gesellschaft, soweit die Knicklasten selbst in Frage kommen, durch die Ergebnisse im wesentlichen bestätigt. Zu unserer großen Freude gaben die Arbeiten aber schließlich unserem verehrten Altmeister Zimmermann — dessen hervorragender unermüdlicher Mitarbeit hier besonders gedacht sei — die Anregung zu seinen neuen, bedeutsamen, als Sitzungsberichte der Preußischen Akademie der Wissenschaften erschienenen Arbeiten und insbesondere zu seinem soeben erschienenen neuen schönen Buch: „Lehre vom Knicken auf neuer Grundlage"[9].

Der vorliegende Bericht umfaßt die Früchte einer nahezu 10jährigen Arbeit, an deren Zustandekommen sowohl die Mitglieder des Versuchs-Ausschusses, die beteiligten Herren des Staatl. Materialprüfungsamtes als auch die Deutsche Reichsbahn-Gesellschaft und der Deutsche Stahlbau-Verband ihren besonderen Anteil haben. Besonderer Dank gebührt vor allem dem ehemaligen Vorsitzenden des Deutschen Stahlbau-Verbandes und des Versuchs-Ausschusses Geh. Baurat Dr.-Ing. e. h. Carstanjen, Reichsbahndirektor Dr.-Ing. e. h. Schaper und Direktor Dr.-Ing. Fischmann für das große Interesse und die außerordentlich förderliche Unterstützung, welche sie den Arbeiten gewidmet haben. Auch der zuständige Abteilungsdirektor des Staatl. Materialprüfungsamtes, Professor Memmler und dessen Mitarbeiter Professor Panzerbieter, Dr.-Ing. Bierett und Dipl.-Ing. Böttger, haben ihre Erfahrungen und ganze Arbeitskraft in den Dienst der Sache gestellt. Dem gewissenhaften Arbeiten dieser Herren ist das überaus gute Gelingen dieser Versuche mit in erster Linie zu danken. Der Ausschuß des Deutschen Stahlbau-Verbandes hat kein Opfer gescheut und stets bereitwilligst die namhaften Geldmittel zur Durchführung der Arbeiten zur Verfügung gestellt. In den letzten Jahren haben auch namhafte Zuschüsse der Deutschen Reichsbahn-Gesellschaft zum glücklichen Gelingen der Versuche beigetragen. Auch bei den an der Lieferung der Prüfstäbe beteiligten Stahlwerken fanden wir stets opferwilliges Entgegenkommen und verständnisvolles Eingehen auf die scharfen Herstellungs- und Lieferbedingungen. Schließlich betrachtet es der Verfasser als eine angenehme Pflicht, Dr.-techn. Spiegel für seine fleißige Mitarbeit bei der Ausarbeitung dieses Berichtes, insbesondere bei der Auswertung der Ergebnisse, zu danken.

---

[9] Berlin: W. Ernst & Sohn 1930.

Breslau, im September 1930

W. Rein.

Inhaltsverzeichnis.

Versuche zur Ermittlung der Knickspannungen für verschiedene Baustähle.

Von Professor **W. Rein.**

I. Einleitung.

1. Bisherige Berechnungsverfahren.

Zum Rüstzeug des Bauingenieurs gehört die Lehre vom Knicken, deren Erforschung in langer, wechselvoller Geschichte die mannigfachsten Wege und Ziele erkennen läßt.

Mit seiner klassischen Abhandlung aus dem Jahre 1744[10]) schuf der große Mathematiker Euler die Grundlage, welche bis in die jüngste Zeit hinein einer ganzen Reihe von Forschern bei der Vervollständigung des Problems als Richtschnur diente. Infolge des Widerspruchs zwischen der sich nach Euler ergebenden Unbestimmtheit des Biegepfeils, und auch zwischen den nach Euler berechneten Knicklasten für kurze Stäbe einerseits und der praktischen Erfahrung andererseits, setzte die Kritik weiter Fachkreise schon frühzeitig ein, und zeitweise glaubte man, den von Euler und seinen Nachfahren eingeschlagenen Weg völlig verlassen zu müssen, um zu praktischen, womöglich ganz allgemein gültigen Gebrauchsformeln zu gelangen. Lediglich die ehemalige preußische Staatseisenbahn hat in ihren Vorschriften an der Eulerformel festgehalten und ihren Hauptnachteil dadurch beseitigt, daß gleichzeitig die Druckspannungen der zu berechnenden Stäbe nach oben begrenzt wurden. Dieses Berechnungsverfahren gab in knappster Form eine einfache Beziehung zwischen den für die Spannung maßgebenden Größen.

In der Schweiz und in Österreich kam schon bald nach seiner Bekanntgabe das Tetmajersche Geradliniengesetz[2]) in Gebrauch. Dieses Gesetz liefert nach der Beziehung:

$$\sigma_K = 3100 - 11{,}4\,\lambda \ ^{11})$$

bekanntlich die Knickspannungen nur für das unelastische Bereich. Trotz seiner scheinbaren Einfachheit haftet ihm der Nachteil des Probierens und der mühsamen Querschnittsermittlung an. Wie Ostenfeld und später auch Gehler nachgewiesen haben, ist dieser Nachteil darin zu suchen, daß der zur Berechnung der Knickkraft:

$$P = \sigma_K F$$

nach dem Geradliniengesetz in Betracht kommende Beiwert:

$$F\lambda = \frac{F\,l}{i} = l\sqrt{\frac{F^3}{J}}$$

schon bei einfachen geometrischen und Profilquerschnitten sich in viel weiteren Grenzen bewegt, als der sich nach dem Parabelgesetz ergebende Beiwert:

$$\frac{1}{l^2}\cdot F\lambda^2 = \frac{F}{i^2} = \frac{F^2}{J}\,.$$

---

[10]) „De curvis elasticis" in Oswalds Klassiker der exakten Wissenschaften Nr. 175. Leipzig: W. Engelmann 1910.

[11]) Die Berechnung der Knickspannung nach der Formel: $\sigma_K = \sigma_B - c\lambda$, worin c eine Baustoffkonstante bedeutet, erscheint bereits vor der Tetmajerschen Arbeit im amerikanischen Schrifttum. Merriman wandte das Geradliniengesetz schon im Jahre 1882 an, wobei er statt i den Wert d einsetzte, und wobei d als kleinster Querschnittsdurchmesser erscheint. (S. Swain: Festigkeitslehre, S. 495. Berlin: Julius Springer 1928.)

Über die Mängel dieses Gesetzes und der von Tetmajer für dessen Aufstellung benutzten versuchstechnischen Grundlagen ist in unserer im „Bauingenieur" im Jahre 1923 veröffentlichten Arbeit „Über Knickversuche"[8]) bereits ausführlicher berichtet.

Johnson[12]) und Ostenfeld[13]) haben die Tetmajersche Gerade durch eine Parabel ersetzt, welche sich dieser Geraden einigermaßen anpaßt und bei $\lambda = 135$ tangential in eine Eulerhyperbel übergeht. Für weichen Flußstahl lautet ihre Formel:

$$\sigma_K = 2,8\left(1 - \frac{1}{30\,000}\cdot\lambda^2\right).$$

Aus ihrer allgemeinen Form:

$$\sigma_K = \sigma_{max} - c\,\lambda^2$$

erkennt man, daß sie nur eine Unveränderliche, und zwar σ_{max}, enthält. Aus der Bedingung des tangentialen Übergangs in die Eulerhyperbel:

$$\frac{d\sigma_K}{d\lambda} = -2c\lambda_1 = -2\pi^2 E\lambda_1^{-3}$$

ergibt sich der Beiwert zu:

$$c = \frac{\pi^2 E}{\lambda_1^4},$$

und die allgemeine Form der Parabelgleichung lautet jetzt:

$$\sigma_K = \sigma_{max} - \frac{\pi^2 E}{\lambda_1^2}.$$

Die zweite Bedingungsgleichung für die Übergangsstelle mit den Koordinaten σ_1 und λ_1 lautet:

$$\sigma_1 = \frac{\pi^2 E}{\lambda_1^2};$$

wir erhalten somit:

$$\sigma_1 = \frac{\sigma_{max}}{2}$$

als Bedingung für die Möglichkeit einer parabolischen Form der Knickspannungslinie. Auch Krohn[14]) hebt dies nachdrücklichst hervor, und nur weil die Tetmajerschen Versuchsergebnisse scheinbar die Annahme eines verhältnismäßig hochliegenden Wertes von σ_{max} rechtfertigen, konnte Ostenfeld in Anlehnung an die Tetmajersche Gerade eine stetige Begrenzung der Knicklasten in Form dieser Parabel erzielen. Er mußte jedoch die Beschränkung des Gültigkeitsbereiches der Eulerhyperbel bis

$$\sigma_1 = \frac{\sigma_{max}}{2} = 1400\ \text{kg/cm}^2$$

für weichen Flußstahl in Kauf nehmen und gerät auch dadurch in Widersprüche mit den wirklichen Verhältnissen.

Auch in England und in den Vereinigten Staaten werden z. T. noch heute empirische Formeln verwendet, u. a. auch die früher im Bereich der ehemaligen bayerischen Staatseisenbahnen vorgeschriebene Rankinesche Formel von der Form:

$$\sigma_K = \frac{\sigma_0}{1 + \gamma\lambda^2}.$$

Für weichen Flußstahl wird hierbei:

$$\sigma_0 = 3000\ \text{kg/cm}^2 \qquad \text{und} \qquad \gamma = 0,00008$$

angegeben.

Ihre Auswertung läßt erkennen, daß die Aufstellung einer einheitlichen, einfach gebauten und annähernd zutreffenden Gebrauchsformel für alle Schlankheitsgrade nicht erfüllbar ist.

In Abb. 1 sind die bisher besprochenen Formeln in Form von Schaubildern, gemeinsam mit der Knickspannungslinie der neuen Reichsbahnvorschriften für St 37, dargestellt. Diese und die Tetmajersche Gerade ausgenommen, lassen sie das Anstreben eines mehr oder weniger stetigen Überganges an die Eulerhyperbel erkennen, und in ihrer Gesamtheit zeigen die dargestellten Knickspannungslinien große Abweichungen voneinander.

---

[12]) Modern framed structures, S. 148. New York 1894.
[13]) Z. d. V. D. I. 1898, S. 1462; 1902, S. 1858.
[14]) Knickfestigkeit. Die Bautechnik 1923, S. 249.

Die Forderung eines stetigen Überganges der Knickspannungslinie des unelastischen Bereiches in die Eulerhyperbel ist vielfach bis in die jüngste Zeit hinein vertreten worden. In den früheren Beratungen des Ausschusses für Versuche im Stahlbau hat bereits Bohny darauf

hingewiesen, daß diese Forderung schon im Hinblick auf die Gestalt der Formänderungslinie des Baustoffes keineswegs gerechtfertigt ist. Die Ergebnisse dieser Arbeit bestätigen diese Bohnysche Ansicht durchaus und zeigen, daß eine unmittelbare Abhängigkeit der Knickspannungslinie an der Übergangsstelle von den Unregelmäßigkeiten der Linie der Formänderungen beim Übergang in den Streckbereich besteht.

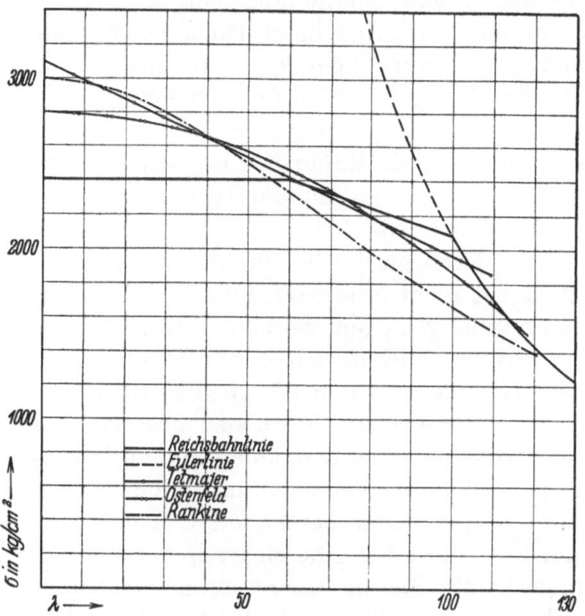

Abb. 1. Graphische Darstellung verschiedener Berechnungsverfahren.

Bei der Festlegung der Knickspannungslinie nach den neuen Reichsbahnvorschriften hat man erfreulicherweise auf solche durch nichts zu begründende Anschauungen keine Rücksicht genommen. Allerdings erscheint auch in diesen Vorschriften bei den sog. Gebrauchsformeln der stetige Übergang wieder bei der Linie der zulässigen Spannungen. Um dies zu erreichen, mußten die Sicherheitsgrade für die verschiedenen Schlankheiten in reichlich willkürlicher Form abgestuft werden.

Wie im Vorwort bereits angedeutet, konnten auch die im Jahre 1908 begonnenen Versuche Karmans[5]) (vgl. Abb. 2) zur Klarstellung der Berechnung von Knickstäben aus normalem Baustahl nicht beitragen. Ein Vergleich der Ergebnisse der Karmanschen Arbeit

mit den bei dieser Untersuchung gewonnenen führt zu gewissen Widersprüchen, welche sich zunächst nur durch den verschiedenartigen Verlauf der relativen Ausbiegungen oder, allgemeiner gesagt, durch die verschiedenartige Genauigkeit der Versuchsdurchführung sowohl bei den Knickversuchen als auch bei der Gewinnung der Druckdehnungslinien erklären lassen. Abb. 10 unserer mehrfach erwähnten älteren Arbeit[8]) sowie die Darstellung der Ausbiegungen bei unseren Versuchen nach Abb. 21÷23 des Abschnittes IV, 1, A weisen deutlich darauf hin.

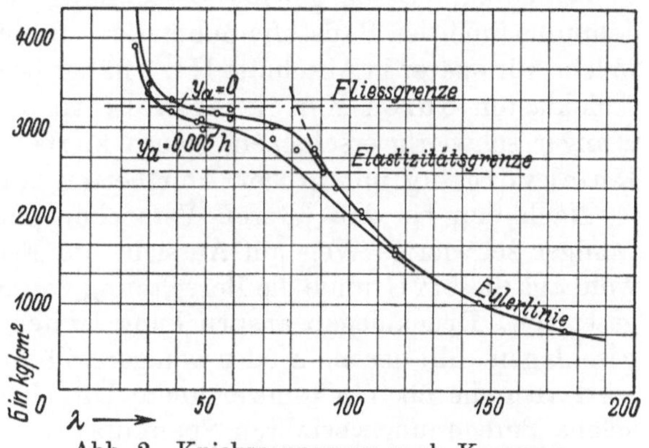

Abb. 2. Knickspannungen nach Karman.

Immerhin hat Karman bei seinen Versuchen eine beachtliche Verfeinerung erzielt und vor allen Dingen ein grundsätzlich neues Verfahren eingeschlagen, welches in vervollkommneter Form die Grundlage der vorliegenden Arbeit wurde.

2. Gliederung der Aufgabe und deren Lösungsmöglichkeiten.

Nahezu alle früheren Versuche ließen für große Schlankheiten eine gute Bestätigung der Eulerwerte erkennen. Vornehmlich durch die Tetmajerschen Arbeiten wurde auch die Begrenzung des Gültigkeitsbereichs der Eulerhyperbel, welche durch das Erreichen der Elastizitätsgrenze gekennzeichnet ist, erwiesen, und wir bezeichnen dieses Gebiet als das Bereich der elastischen Knickung. Dieses Gebiet wird bekanntlich nach der Beziehung

$$\sigma_K = \frac{\pi^2 E}{\lambda^2}$$

ungefähr durch ein Schlankheitsverhältnis $\lambda = 100$ begrenzt. Sobald sich die Versuchsforschung früher jedoch mit der Nachprüfung von Knickstäben, deren Schlankheitsverhältnisse unter $\lambda = 100$ lagen, befaßte, ergaben sich bei den Knicklasten Streuungen in solchem Ausmaße, daß der genaue Verlauf der Knickspannungen im unelastischen Bereich nicht erkennbar war. Aus dieser Tatsache ist wohl auch das Vielerlei von Knickformeln zu erklären, und alle darauf fußenden Berechnungen können nur als Notbehelf angesprochen werden. Die Erklärung für die großen Streuungen der älteren Versuchsergebnisse hat unseres Wissens zuerst Karman gegeben, indem er nachwies, daß die Knickfestigkeit durch „geringe Exzentrizitäten", des Kraftangriffes bei sehr schlanken Stäben „nicht beträchtlich" beeinflußt wird, daß sie dagegen bei kurzen Stäben schon bei „äußerst geringen Exzentrizitäten" „bedeutend vermindert" wird.

Die Grenzen der bei praktischen Ausführungen vorkommenden Exzentrizitäten sind uns zunächst nicht erfaßbar. Ihnen muß durch ausreichende Bemessungen des Sicherheitsgrades Rechnung getragen werden. Damit wird aber die Berechnung von Knickstäben zu einem völlig unbestimmbaren Problem, solange die tatsächliche Größe der Knicklasten nicht bekannt ist.

Hochentwickelte Methoden gestatten uns heute fast alle anderen Bauteile einer Stahlkonstruktion so zu berechnen und zu bemessen, daß diese Teile annähernd gleiche Sicherheit gegen mögliches Versagen aufweisen. Es steht aber außer allem Zweifel, daß die nach einem älteren Verfahren berechneten Knickstäbe teils stärker, teils schwächer bemessen sein müssen. Damit ergibt sich ein Zustand, der uns das bei der Berechnung anderer Bauteile angestrebte Ziel als unerreichbar erscheinen läßt, solange die Berechnung der die empfindlichsten und vielfach wichtigsten Bauteile verkörpernden Knickstäbe sich auf so unsicherer Grundlage vollziehen muß.

Nach diesen Überlegungen schält sich unsere Hauptaufgabe zunächst als Ermittlung der tatsächlichen Knicklasten, welche wir als ideelle Knicklasten bezeichnen wollen, heraus. Karman verfolgte den gleichen Gedanken, indem er vorschlug, die zentrische Knickfestigkeit, welche wir als ideelle Knickfestigkeit bezeichnen, zu berechnen. Deren genaue Berechnung ist an eine einwandfreie Darstellung der Druckdehnungslinie des Baustoffs gebunden. Damit ergeben sich aber namhafte Schwierigkeiten, welche wir später in Abschnitt III, 2 näher beleuchten, und welche die Gewinnung der ideellen Knicklasten durch Knickversuche in den Vordergrund rückt, weil diese Versuche weniger schwierig erscheinen, sofern hierbei die Möglichkeit besteht, den störungsfreien Knickvorgang mit großer Annäherung zu erzielen.

Nach den bei den älteren Versuchen gemachten Erfahrungen schien aber auch dieser weniger schwierige Weg mit Aussicht auf Erfolg kaum gangbar, und einige Forscher haben wohl aus diesem Grunde die Berechnung von Knickstäben nach dem Verfahren der zusammengesetzten Druckbiegebeanspruchung unter Annahme bestimmter Exzentrizitäten vorgeschlagen. Mit der mehr oder weniger willkürlichen Annahme einer bestimmten Exzentrizität wird aber die oben gekennzeichnete Unsicherheit keineswegs vermindert. Außerdem setzen solche Berechnungsverfahren Spannungszustände voraus, welche von denen des eigentlichen Knickvorgangs abweichen müssen.

Die Grundbedingungen für die Erzielung des störungsfreien Knickvorgangs beim Versuch sind am besten aus einer strengen Gliederung der Einzeleinflüsse erkennbar. Bei reibungslos drehbar gelagerten Stabenden werden bei Knickstäben in praktischer Ausführungsform Abweichungen von der ideellen Knicklast verursacht:

a) durch Exzentrizitäten,
b) durch die jeweilige Querschnittsform und
c) durch die Wirksamkeit der Bindung.

Die genaue Erforschung der in ihrer Bedeutung gegen die Exzentrizitäten zurücktretenden Einflüsse b) und c) müssen späteren Arbeiten vorbehalten bleiben. Sie scheiden bei Versuchsstäben mit einfachen geometrischen Querschnitten aus. Die von Karman gewählten rechteckigen Querschnitte gestatten außerdem die Beschränkung des Knickvorgangs auf ein leichter verfolgbares ebenes Spannungsproblem.

Durch die Wahl gleichartiger Querschnitte und die Verwendung einer zweckdienlichen Schneidenlagerung, glaubten wir mithin, diesen Teil der Bedingungen für den störungsfreien Knickvorgang mit großer Annäherung erfüllen zu können. Die unvermeidliche Reibung der Schneiden mußte in Kauf genommen werden. Ihr Einfluß ist, wie sich aus dem mutmaßlichen Verlauf der Knickspannungslinie ergibt, im unelastischen Knickbereich gering und konnte mithin die Ergebnisse kaum in fühlbarem Maße beeinflussen, sofern es gelang, ein leichtes Spiel der Schneiden zu erreichen. Die gute Übereinstimmung der im elastischen Bereich erzielten Knicklasten mit den Eulerwerten (vgl. Abb. 26÷28) beweist ja auch überzeugend, daß die Bewegung der Schneiden durch Reibungswiderstände nur in verschwindendem Maße beeinflußt sein konnte. Wie wir in unserer früheren Arbeit[8]) bereits ausführten, wurde das leichte Spiel der Schneiden auch durch verschiedene Einzelwahrnehmungen bei den Versuchen erwiesen.

Die bei praktischen Ausführungen unvermeidbaren Exzentrizitäten können durch Unregelmäßigkeiten verschiedenster Art hervorgerufen werden. Den Begriff der Exzentrizität wollen wir genauer als Abweichung der wirksamen Stabachse von der Kraftachse definieren und deren Ursachen als ungenaue Lagerung, Stabkrümmungen, ungleiche Beschaffenheit, unvollständige Querschnitte und in erweitertem Sinne auch als Anfangsspannungen umschreiben. Damit ergeben sich auch die an die Prüfstäbe zu stellenden Anforderungen und außerdem die Bedingung des genauen Einrichtens (Zentrierens) der Prüfstäbe in der Prüfmaschine.

Für die Erfüllung der letzten Bedingung schien das von Karman angewandte, dort allerdings nicht bis zur letzten Feinheit durchgebildete Verfahren geboten. Es besteht darin, daß der Stab so lange in der Maschine verschoben wird, bis er bei namhaften Belastungen keinerlei oder nur verschwindend geringe Ausbiegungen zeigt. Keine noch so sorgfältig durch Messungen erfolgte Ermittlung der Stabschwerachse und auch kein sonst übliches Einrichteverfahren vermag den Vorzug dieser Arbeitsweise zu erreichen. Zimmermann hat den Unterschied der Einrichteverfahren (Zentrierverfahren) sehr treffend gekennzeichnet, indem er sagt: „In dem einen Falle versucht man, dem Stab eine bestimmte Lage der Schwerachse bzw. der wirksamen Achse vorzuschreiben; nach dem Karmanschen Verfahren dagegen zwingt man den Stab, die Lage seiner wirksamen Achse bekanntzugeben.“ Näheres über das bei unseren Versuchen durchgeführte Einrichtungsverfahren ist bereits in der mehrfach erwähnten Arbeit[8]) mitgeteilt. Außerdem wird hierüber weiter unten und durch das Staatl. Materialprüfungsamt später berichtet.

Besonders erwünscht schien auch die Feststellung, welche physikalischen Eigenschaften des Baustoffes die Größe der Knicklasten im unelastischen Bereich in erster Linie beeinflussen. Nach den vorliegenden Erfahrungen mußte der Streckgrenze oder in strengerem Sinne der Quetschgrenze diese Bedeutung zukommen, und bei den an die Beschaffenheit der Prüfstäbe zu stellenden Anforderungen wurde auch diesem Gesichtspunkte Rechnung getragen.

Durch diese Überlegungen war die neue Aufgabe im Rahmen der Arbeiten des Ausschusses für Versuche im Stahlbau in allen Einzelheiten bestimmt. Sie unterscheidet sich, wie wir im Vorwort angedeutet haben, von dem früher verfolgten Ziel des Ausschusses ganz wesentlich und kann, was ihr wahrscheinlich heute noch vielfach zum Vorwurf gemacht wird, zunächst keinerlei Übereinstimmung mit sog. praktischen Versuchen für sich in Anspruch nehmen. Richtunggebend war uns hierbei das Ziel der Verwertbarkeit der Ergebnisse für Wissenschaft und Praxis. Gleiche Sorgfalt wurde auch den Druckversuchen zur Darstellung der Druckdehnungslinien gewidmet. Die Auswertung dieser Versuche erfolgte zunächst nach dem Engesser-Karmanschen Berechnungsverfahren und ergab Unstimmigkeiten und unbefriedigende Abweichungen von den durch die Knickversuche gewonnenen Knicklasten. Dies war uns Veranlassung, die Grundlagen des Auswertungsverfahrens eingehender zu untersuchen. Diese in Abschnitt II enthaltenen Untersuchungen klärten die Ursache der Unstimmigkeiten und der Abweichungen auf und lieferten zugleich genaueren Aufschluß über das Verhalten der auf Knickung beanspruchten Stäbe mit mittleren und kürzeren Schlankheitsgraden. Die nach dem Ergebnis dieser Untersuchung durchgeführte neue Auswertung der Druckversuche führte dann auch zu befriedigender Angleichung, und die so durch beide Verfahren bestätigten Endergebnisse dieser Arbeit dürften auch den Beweis für ihre Verwertbarkeit in sich tragen.

II. Untersuchung des Knickvorgangs im unelastischen Bereich.

Zwischen dem Knickvorgang bei einem Stabe aus unbegrenzt elastischem Werkstoff, der stets dem Hookeschen Gesetz folgt, und einem solchen aus elastisch-plastischem Stoff bestehen grundsätzliche Unterschiede, für deren Deutung die Entwicklung des kritischen Zustandes besonders wichtig ist. Die Verhandlungen der 2. Internationalen Tagung für Brückenbau und Hochbau in Wien 1928[15]) haben ergeben, daß bei der Erweiterung der Eulertheorie für das Bereich der unelastischen Knickung leicht Irrtümer entstehen können, wenn der Einfluß von Form und Größe der Ausbiegungen auf die Knicklast in seiner wahren Bedeutung nicht genügend beachtet wird. Die Auswirkung dieses Zustandes auf die Größe der entstehenden Knicklast ist in der allmählichen Abnahme des Moduls der Formänderungen begründet, sobald die Spannung die Proportionalitätsgrenze überschritten hat.

Das Wesen des Knickvorgangs mußte, solange es nicht exakt erfaßt war, mit dem Schleier des Rätselhaften umgeben bleiben. Hierin Klärung geschaffen zu haben, ist das große Verdienst Zimmermanns, welcher die Aufgabe nicht nur richtig erkannt, sondern auch in hervorragender Weise gelöst hat. Die beim Knickversuch sich zeigende merkwürdige Erscheinung, daß ein bereits nach der einen Seite ausgebogener Stab bei wachsender Belastung plötzlich nach der anderen Seite hin ausknickt, führt zu dem Schluß, daß ein noch so sorgfältig hergestellter gerader Stab im Sinne der Knicktheorie niemals als gerade anzusehen ist. Zimmermann weist in exakter Form nach, daß ein Eulerstab trotz schwacher Anfangskrümmungen die Eulerlast zu erreichen vermag, sofern der Stab mit bestimmten Fehlerhebeln gelagert ist. Eine einfache, durchsichtige und für die praktische Untersuchung geeignete Beziehung ergibt sich nach Zimmermann für den Fall einer symmetrischen Kosinuswelle mit gleichen Fehlerhebeln f an beiden Stabenden nach Abb. 3. In diesem Falle wird die elastische Ausbiegung δ_m in der Stabmitte bei gegebener Scheitelhöhe y_m:

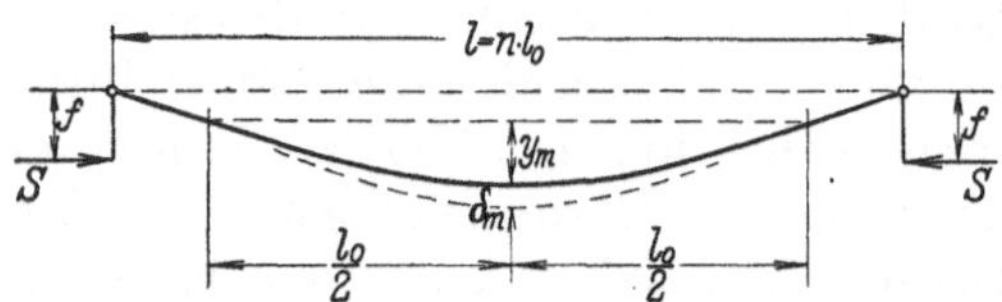

Abb. 3. Der symmetrische Stab mit Anfangskrümmungen bei symmetrischer Belastung.

$$\delta_m = f\left[\frac{1}{\cos\frac{\pi}{2}\sqrt{\frac{S}{K_0}}} - 1\right] + y_m\left[\frac{1 - \dfrac{\cos\frac{\pi}{2}n}{\cos\frac{\pi}{2}\sqrt{\frac{S}{K_0}}}}{1 - \frac{1}{n^2}\frac{S}{K_0}} + \cos\frac{\pi}{2}n - 1\right]. \tag{1}$$

Hierin bedeuten:

K_0 die Eulerlast,

$n = \dfrac{l}{l_0}$ das Verhältnis der Stablänge zur halben Wellenlänge, wobei

$n \lesseqgtr 1$ sein kann[16]).

Für $n = 1$ ergibt die Auswertung der Gleichung (1) für verschiedene Fehlerhebel f die Ausbiegungen der Mitte des gekrümmten Stabes nach Abb. 4.

Diese unter Voraussetzung unbeschränkter Gültigkeit des Hookeschen Gesetzes abgeleitete Gleichung gibt auch für die Untersuchung des Knickvorgangs im unelastischen Bereich genügenden Anhalt.

---

[15]) Wien: Julius Springer 1929.
[16]) Sitzungsberichte d. Preuß. Akademie d. Wissenschaften 1923, H. XXV, S. 263.

Besonders wichtig ist jener Fall, der bei der Diskussion der Gleichung (1) beim Übergang aus dem stabilen in den labilen Gleichgewichtszustand durch eine Unstetigkeitsstelle im funktionalen Zusammenhang zwischen Belastung und Durchbiegung gekennzeichnet ist. Im allgemeinen ist dieser Fall durch eine von der Ordinatenachse ($\delta_m = 0$) abweichende schwach gekrümmte Linie gegeben, und weil durch ihn in Verbindung mit Linie ① nach Abb. 4 jene Belastungsfälle getrennt sind, welche vor dem Knicken nur nach der einen (+ bzw. −) Seite hin ausbiegen, stellt er einen Grenzfall dar. Die in Abb. 4 mit ② bezeichnete Grenzlage schließt das Ausknicken nach beiden Richtungen in sich und bedeutet die Knickgrenze im eigentlichen (engeren) Sinne. Sie ist durch einen scharf betonten Übergang in den labilen Gleichgewichtszustand gekennzeichnet. Im Gegensatz hierzu stehen die davon abweichenden Fälle mit allmählichen Übergängen, wie sie auch aus der Darstellung der Durchbiegungen unserer Prüfstäbe (vgl. Abschnitt IV, 1, A, Abb. 21÷23) in Übereinstimmung mit den abgeleiteten Gleichgewichtslinien nach Abb. 4 unmittelbar hervorgehen.

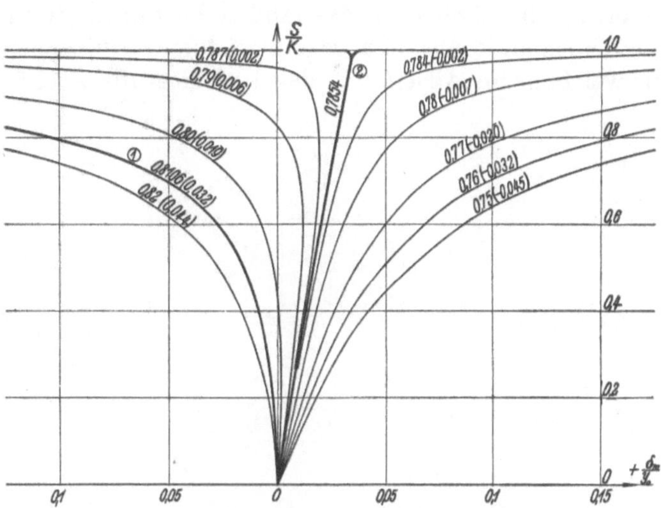

Abb. 4. Ausbiegungen der Mitte des gekrümmten Stabes ($n = 1$) für verschiedene Fehlerhebel f.

Wesentlich für die neuere Auffassung des Knickvorgangs ist demnach die Tatsache, daß er allgemein nicht als „Verzweigungspunkt" des Gleichgewichts im Sinne der Poincaréschen Theorie gekennzeichnet werden kann, denn dieser Zustand bezieht sich nur auf den ideellen Sonderfall $y_m = 0$ und $n = 0$, d. h. den Fall des vollkommen geraden, gleich beschaffenen und genau achsrecht belasteten Stabes, bei welchem $\sigma_K < \sigma_P$. Im Sinne der neueren Knicktheorie ist der Knickvorgang selbst im allgemeinen schon von Anfang an mit der beginnenden Belastung ($S = 0$) gegeben. Sind die der ursprünglichen, schwach gekrümmten bzw. „geraden" Stabachse entsprechenden Fehlerhebel, welche die oben gekennzeichnete Knicklast ergeben, genau erreicht, dann biegt sich der Stab bis zum Erreichen der kritischen Grenze nach der diesem Zustand entsprechenden Gleichgewichtslinie, der „Knicklinie" (vgl. Abb. 5), durch. Sobald die Stabkraft S die Knickgrenze K erreicht hat, knickt er plötzlich nach der einen oder anderen Seite hin aus. Obgleich die dabei erreichten Endwerte δ_K nur einen Bruchteil des ursprünglichen Krümmungspfeils y_m betragen[17]), zeigt die nähere Verfolgung des Kräftespiels, daß sich schon bei geringen Anfangskrümmungen y_m mit wachsender Belastung bis nahe an die kritische Grenze merkliche Biegungszusatzspannungen geltend machen. Sobald sich ferner ganz geringe und praktisch immer vorkommende Abweichungen von der theoretisch richtigen Lage des Lastangriffes einstellen, steigern sich diese Biegungszusatzspannungen noch weit mehr, wie sich dies auch bei ganz kleinen Anfangsexzentrizitäten (von 0,01 bis 0,001 cm) des vollkommen gerade angenommenen und unbegrenzt elastischen Stabes in unmittelbarer Nähe der Knickgrenze herausstellt. Versuchstechnisch wirkt sich diese Tatsache bei Prüfstäben aus elastisch-plastischem Werkstoff derart aus, daß die Fließgrenze[18])

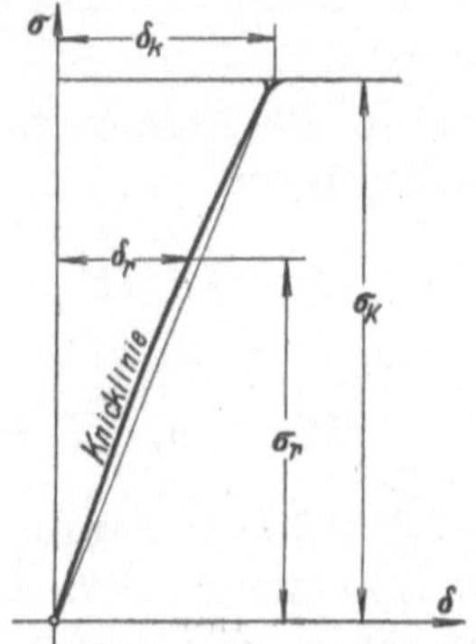

Abb. 5. Ausbiegung der Stabmitte bei der theoretischen Knicklast.

<hr>

[17]) Sitzungsberichte der Preuß. Akademie d. Wissenschaften 1923, H. XXV, S. 269.

[18]) Bei der Auswahl der Prüfstäbe wurde der Einfachheit halber allgemein die Streckgrenze ermittelt und als Maßstab für die Auswahl benutzt, obgleich die die Höhe der Knicklasten voraussichtlich beeinflussende Quetschgrenze damit nicht übereinstimmt. Bei unseren Untersuchungen muß häufiger die Spannung an der Quetschgrenze

bereits überschritten wird, und die Zerstörung beginnt, bevor der Stab zum Ausknicken kommt. Trotz sorgfältigster Zentrierung ist diese Erscheinung auch bei unseren Versuchen beobachtet worden. An der Oberfläche der Prüfstäbe auftretende Fließfiguren zeigten den unmittelbar folgenden Eintritt der kritischen Belastung an, welcher fast durchweg auch von einem leisen knisternden Ton begleitet war.

Setzt man einen Werkstoff voraus, welcher unbegrenzt dem Hookeschen Gesetz folgt, dann ist die Einleitung des labilen Zustandes durch das in Abb. 6 dargestellte Spannungs- und Formänderungsbild gekennzeichnet. Auf das Stabelement von der bezogenen Länge *1*, in welchem im Augenblick des Knickens die Zusammendrückung die Größe ε_K erreicht hat,

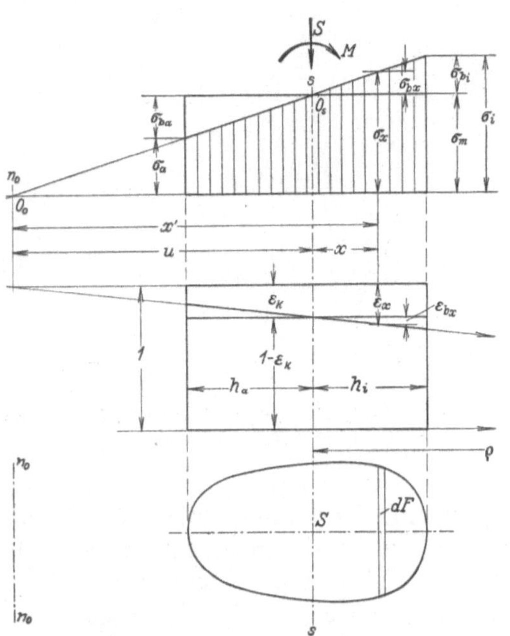

Abb. 6. Spannungs- und Formänderungsbild des gedrückten Stabes im elastischen Bereich.

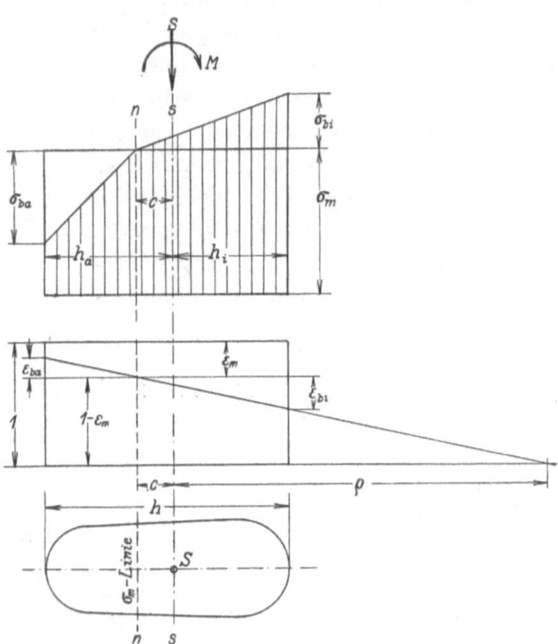

Abb. 7. Karmansches Spannungs- und Formänderungsbild.

wirken die Axialkraft $S = K$ und das Moment M. Aus Abb. 6 folgen die Gleichgewichtsbedingungen:

$$S = \int\limits^{F} \sigma_x \, dF = \frac{E}{\varrho}\,(1 - \varepsilon_K) \int\limits^{F} x' \, dF = \frac{E}{\varrho}\,(1 - \varepsilon_K)\,F u = E F \varepsilon_K = F \sigma_K \, ,$$

$$M = \int\limits^{F} \sigma_x x \, dF = \frac{E}{\varrho}\,(1 - \varepsilon_K) \int\limits^{F} x x' \, dF = \frac{E}{\varrho}\,(1 - \varepsilon_K)\,(J_n - F u^2) = (1 - \varepsilon_K)\,\frac{E J_s}{\varrho} \, . \tag{2}$$

Infolge der Unveränderlichkeit des Elastizitätsmoduls E fällt hierbei die Achse, innerhalb welcher die mittlere Druckspannung σ_K unverändert bleibt, mit der Schwerachse s des Querschnittes zusammen. Die Spannungsverteilung ergibt sich hier als Überlagerung der Spannung σ_m und der durch das Moment $M = \int \sigma_x x \, dF = \int \sigma_{b_x} dF$ verursachten Biegungsspannung. Für die Aufstellung des mathematischen Ansatzes der aus der Momentengleichung (2) abzuleitenden elastischen Linie, welche unmittelbar die Eulerlast:

$$K_0 = \frac{\pi^2 E J}{l^2} \qquad \text{bzw.} \qquad \sigma_K = \frac{\pi^2 E}{\lambda^2}$$

liefert, ist die Art und Größe der Verbiegung bis zum Eintritt dieser Grenze gleichgültig. Die Einleitung des labilen Zustandes kann daher hier in der üblichen Weise als eine beginnende, unendlich kleine Verbiegung nach vorausgegangener, rein zentrischer Zusammendrückung gedeutet werden.

<hr>

und der damit eingeleitete Fließvorgang in den Bereich der Betrachtungen gezogen werden, weshalb verschiedentlich ganz allgemein von der „Fließgrenze" gesprochen wird.

Karman ging bei der Aufstellung der Gleichgewichtsbedingungen für den Fall der unelastischen Knickung von der richtigen Erkenntnis aus, daß beim Stabilitätswechsel auf der entlasteten Seite nur die elastischen Formänderungen zurückgehen. Sein Berechnungsverfahren[5]) verkörpert im Ausbau der von Engesser[4]) angebahnten Verallgemeinerung des Eulerschen Gesetzes einen bedeutsamen Fortschritt. Die Karmanschen Ableitungen enthalten jedoch eine unzulässige Übertragung der sich für die elastische Knickung ergebenden Berechnungsweise auf die unelastische Knickung. Bei ersterer kommt in der Überlagerung der beiden Teilspannungsbilder aus den Wirkungen von S und M infolge des für den ganzen Stabquerschnitt geltenden linearen Gesetzes $\sigma_{b_x} = E\,\varepsilon_{b_x}$ der tatsächlich sich abspielende Vorgang bis zum Eintritt des Ausknickens im Gesamtergebnis nicht zum Ausdruck. Das bekannte Karmansche Spannungsbild nach Abb. 7 entspricht dieser Annahme der älteren Knicktheorie, wie dies auch Karman in seiner Schrift[5]), S. 11, ausdrücklich hervorhebt. Hierbei ergibt sich nach Karman unter der Annahme einer sehr geringen Verbiegung nach vorheriger rein zentrischer Zusammendrückung unter Vernachlässigung der höheren Glieder die Randspannung der konkaven (Druck-) Seite nach dem linearen Ansatz:

$$\sigma_1 = \sigma_K + \frac{d\sigma_K}{d\varepsilon} \cdot \varDelta\varepsilon = \sigma_K + E'\varDelta\varepsilon\,.$$

Damit gewinnt man nach Abb. 7, welcher der von Eugen Meyer[19]) gelieferte Nachweis des Ebenbleibens ebener Querschnitte zugrunde liegt, die zur Berechnung erforderlichen bekannten Beziehungen[20]):

$$E\,\Sigma_a - E'\,\Sigma_i = 0\,, \tag{3}$$

$$T_K = \frac{E\,J_a + E'\,J_i}{J_s}\,. \tag{4}$$

Hierin bedeuten:

E' den veränderlichen Elastizitätsmodul, welcher in der Druckdehnungslinie der Spannung σ_K entspricht;

Σ_a und Σ_i die statischen Momente,

J_a und J_i die Trägheitsmomente der durch die Achse n getrennten äußeren (a) und inneren (i) Teilquerschnitte in bezug auf diese Achse;

J_s das Trägheitsmoment des Gesamtquerschnittes in bezug auf dessen Schwerachse und

T_K den Karmanschen Knickmodul.

Gleichung (3) dient zur Bestimmung der „neutralen Achse" n, innerhalb welcher die reine Druck- (Knick-) Spannung σ_K erhalten bleibt. Durch sie ist der Knickmodul T_K festgelegt. Die Knickspannungen folgen dann aus der verallgemeinerten Eulerschen Gleichung:

$$\sigma_K = \frac{\pi^2 T_K}{\lambda_K^2}\,. \tag{5}$$

In der Unzulänglichkeit der Herleitung sind auch die Widersprüche begründet, welche sich bei der Anwendung der Gleichungen (3) und (4) ergeben. Sie treten besonders kraß in Erscheinung, sobald sich die Spannungen der Quetschgrenze nähern. Beim Erreichen der Quetschgrenze würde, da $E' = 0$, die „neutrale Achse" an den äußeren Rand des Querschnittes rücken und $\lambda_K = 0$ liefern. In ihrem Gesamtverlauf ist die nach den Gleichungen (3) $\div$ (5) berechnete Knickspannungslinie, wie wir später auch in Abschnitt IV, 2, C ausführlich nachweisen, nicht mehr eindeutig[21]).

Die vertiefte Betrachtung des tatsächlichen Vorgangs, wie er sich für den Fall $\sigma_K > \sigma_P$ in einem geraden, auf Knickung beanspruchten Stab abspielt, zeigt, daß die Karmanschen

---

[19]) Die Berechnung der Biegung von Stäben, deren Material dem Hookeschen Gesetz nicht folgt. Z. d. V. D. I. 1908, S. 167.

[20]) Über die genaue Ableitung vgl. Bleich: Theorie und Berechnung eiserner Brücken. Berlin: Julius Springer 1924.

[21]) Th. F. Hellan macht schon in einer 1922 erschienenen Abhandlung auf diese Eigentümlichkeit aufmerksam, ohne aber zu einem theoretisch ausreichend begründeten Aufbau zu kommen. Auf Grund später durchgeführter Knickversuche weist er auch auf das gleichzeitige Zusammenwirken der Verkürzungen und der Stabausbiegungen hin. „Publikationer over statiske undersøkelser", H. 1 u. 3. Drontheim: F. Brun 1922 u. 1928.

Spannungsbilder nur als Teilvorgänge angesprochen werden können. Um daher zu einer praktisch verwendbaren, auf der Karmanschen Annahme fußenden und in sich widerspruchsfreien Berechnungsgrundlage zu gelangen, zerlegen wir den stetig verlaufenden Teil der Druckdehnungslinie zwischen Proportionalitäts- und Fließgrenze in eine Anzahl genügend kleiner, geradlinig angenommener Teilelemente, innerhalb welcher der jeweilige E'-Modul konstant bleibt. Unter der Annahme des Ebenbleibens der Querschnitte erfolgt die Verformung nach Abb. 8, in welcher einschließlich des Hookeschen Bereichs vier Teilelemente eingezeichnet sind. Die „neutrale Achse" n des ersten Teilstückes fällt mit der Querschnittsschwerachse s zusammen. Von σ_1 beginnend, vollzieht sich die zusätzliche Spannungs- und Formänderung bis zur Knickgrenze σ_K als Überlagerung der einzelnen Teilbilder, wobei streng nach dem Karmanschen Ansatz auf der Zugseite nur die elastischen Formänderungen zurückgehen, und auf der Druckseite die den jeweiligen Teilelementen entsprechenden Moduli

$$E' = \frac{d\sigma}{d\varepsilon} = \text{konst.}$$

werden. Die aufeinanderfolgenden Teilelemente ergeben so übereinandergelagerte Karmansche Spannungsbilder, deren in Abb. 8 als Übergangsstellen N_1, N_2, $N_3 \ldots$ gekennzeichneten „neutralen Achsen", entsprechend den sich verringernden E'-Moduli, immer weiter gegen den äußeren Querschnittsrand wandern. Die obere Be-

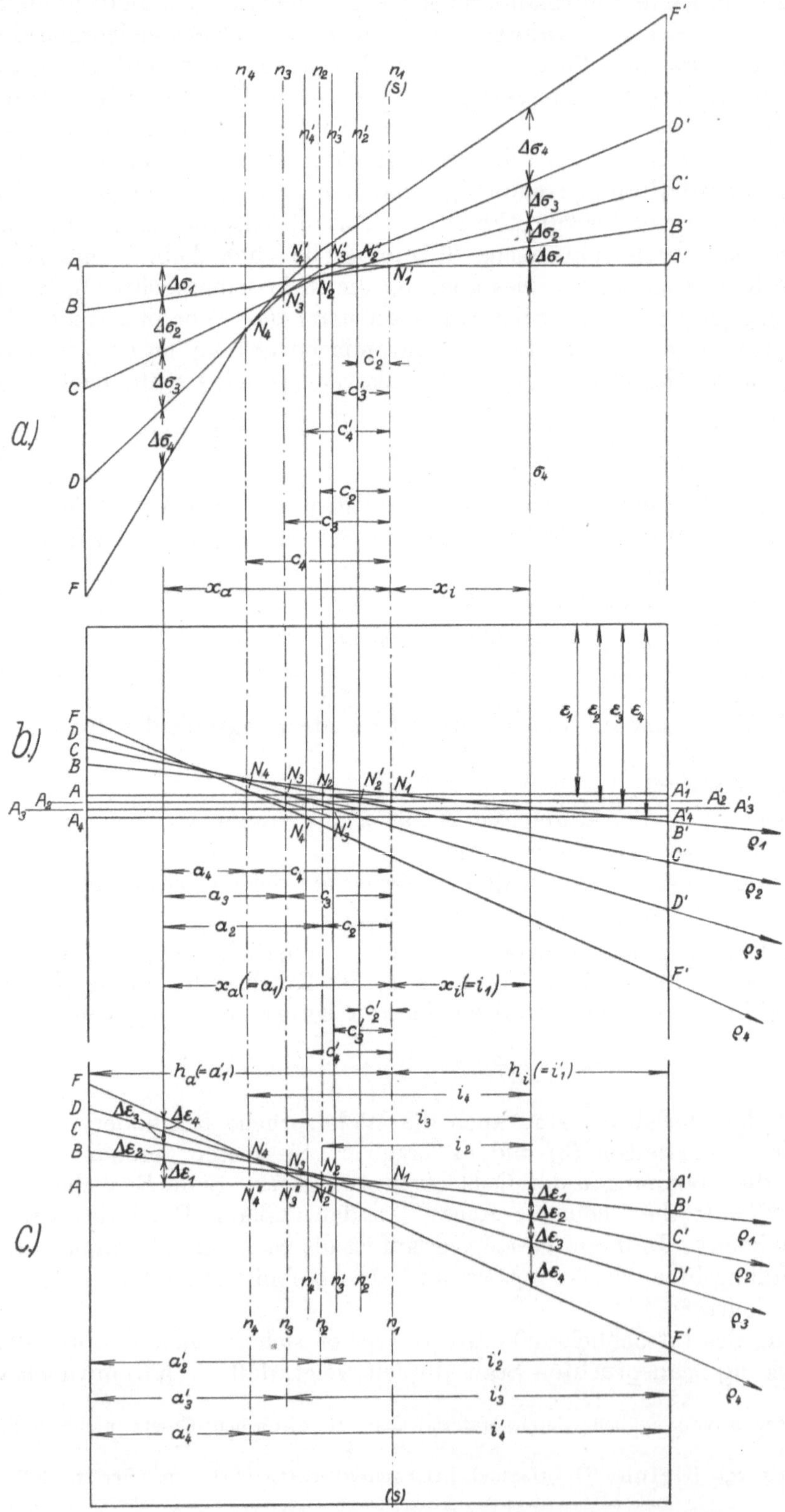

Abb. 8. Genauere Entwicklung des Spannungs- und Formänderungsbildes beim Knickvorgang.

grenzung des Spannungsbildes ergibt sich dann als ein mehrfach gebrochener Linienzug, welcher sich um so mehr dem wirklichen Spannungsverlauf nähert, je kleiner die einzelnen Teilelemente angenommen werden. Die Abb. 8 soll die Entwicklung der aufeinanderfolgenden Stadien σ_1/ε_1, σ_2/ε_2, σ_3/ε_3 ... mit den Krümmungshalbmessern ϱ_1, ϱ_2, ϱ_3 ... veranschaulichen. In Abb. 8a sind unter Vernachlässigung der einzelnen aufeinanderfolgenden Phasen der zentrischen Zusammendrückung die dabei entstehenden Spannungsbilder, auf σ_4 bezogen, eingezeichnet. In der Darstellung der Formänderungen (Abb. 8b und 8c) folgen sich die Einflüsse der benachbarten Teilelemente in irgendeinem durch eine vorausgegangene Biegung verformten Querschnitt infolge der neu eintretenden Zusammendrückung, indem sich die Linie dieses verformten Querschnitts zuerst parallel verschiebt und sich dann um den zugehörigen Punkt N in die neue Richtung dreht. Die Drehpunkte N_2, N_3 ... der noch durch N_2', N_3' ... festgelegten neuen Richtungen sind hier wiederum Schnittpunkte der parallel verschobenen vorherigen Verformungsgeraden mit den jeweiligen nach Karman bestimmten Achsen n_2, n_3 .... In Abb. 8c sind die auf das Stabelement von der Länge 1 bezogenen Stauchungen ε_2, ε_3 und ε_4 in die zuletzt sich ergebende senkrecht gestauchte Fläche zusammengerückt gedacht. Dadurch kommen die Formänderungen in den einzelnen Stadien für die Krümmungshalbmesser ϱ_2, ϱ_3 ... in ihrem gegenseitigen Verhältnis deutlicher zum Ausdruck.

Die Werte $\varDelta\varepsilon_1$, $\varDelta\varepsilon_2$ ... können mit den nach Abb. 8 sich ergebenden Beziehungen ermittelt werden. Allgemein erhält man für ein beliebiges Teilelement ε_r:

außen:

$$\varDelta\varepsilon_r = \left(\frac{1-\varepsilon_r}{\varrho_r} - \frac{1-\varepsilon_{r-1}}{\varrho_{r-1}}\right)(x_a - c_r),$$

innen:

$$\varDelta\varepsilon_r = \left(\frac{1-\varepsilon_r}{\varrho_r} - \frac{1-\varepsilon_{r-1}}{\varrho_{r-1}}\right)(x_i + c_r).$$

Auf Grund der daraus folgenden $\varDelta\sigma$-Werte und deren Summierung können die Gleichgewichtsbedingungen:

$$\int \varDelta\sigma\, dF = 0 \qquad \text{und} \qquad M = \int \varDelta\sigma\, x\, dF$$

gebildet werden. Die erste Bedingung zerfällt in ebensoviel Teilgleichungen Karmanscher Art, als in der σ-ε-Linie oberhalb der P-Grenze Teilelemente angenommen sind. Sie liefern die Achsenabstände $c_2, c_3 \ldots$ bis c_n. Nach entsprechender Auswertung und Umformung erhält man dann die Momentengleichung:

$$\frac{1-\varepsilon_n}{\varrho_n}\left[T_n + \sum_1^{n-1} \frac{\varrho_n}{\varrho_r}(T_r - T_{r+1})\right]J_s = M. \tag{6}$$

Der Klammerausdruck enthält die Reihe der den einzelnen Teilelementen entsprechenden Karmanschen Knickmoduli:

$$T_1 = E, \qquad T_2 = \frac{EJ_a^2 + E_2'J_i^2}{J_s}, \qquad T_3 = \frac{EJ_a^3 + E_3'J_i^3}{J_s} \qquad \text{usw.}$$

Der in bezug auf die letzte Achse n bestimmte Knickmodul T_n entspricht dem Karmanschen Wert T_K für die betreffende Knickspannung $\sigma_n(=\sigma_K)$. Aus Gleichung (6) geht hervor, daß der übliche, nur auf die Neigung $E' = \dfrac{d\sigma}{d\varepsilon}$ für σ_K bezogene Karmansche Knickmodul zu niedrig ist und um ein Zusatzglied:

$$\varDelta T = \sum_1^{n-1} \frac{\varrho_n}{\varrho_r}(T_r - T_{r+1})$$

vergrößert werden muß.

Zur Aufstellung der Differentialgleichung für die Berechnung der Knicklast verwenden wir Gleichung (6). Wir müssen aber noch die Verhältniswerte $\dfrac{\varrho_n}{\varrho_r}$ und den durch sie bedingten Verlauf von T innerhalb der ganzen Stablänge untersuchen und festlegen, um das Zusatzglied $\varDelta T$ in eine für den praktischen Gebrauch geeignete Form zu bringen. Hierbei entstehen Schwierigkeiten, weil die im Sinne der Knicktheorie ursprüngliche Stabform nicht bekannt ist. Zur Erläuterung muß zunächst der Einfluß von T auf die Größe der Ausbiegung und der Knicklast untersucht werden.

Bei der üblichen Annahme einer Sinushalbwelle [22]) für den einfachsten Fall der Ausbiegung eines beiderseits gelenkig gelagerten geraden Stabes erhalten wir für die elastische Linie nach Abb. 9 die Beziehung:

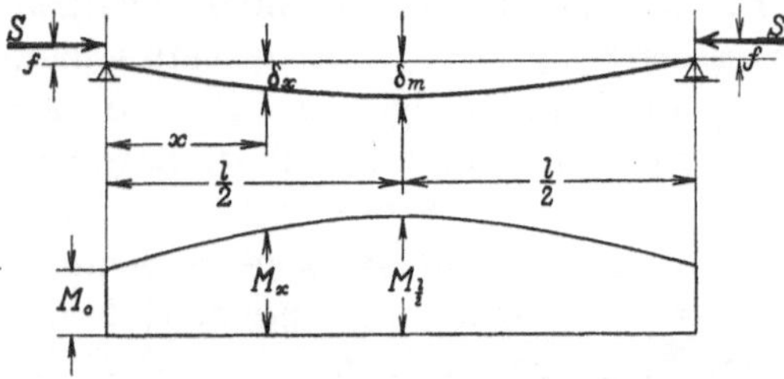

$$\delta_x = \delta_m \sin \frac{\pi}{l} x. \tag{7}$$

Diese Annahme ist zulässig, solange die Fehlerhebel f des Lastangriffs klein und der Pfeil der Ausbiegung δ_m genügend groß sind. Die Biegungsmomente sind dann gegeben durch die Beziehung:

Abb. 9. Symmetrischer Lastangriff mit kleinem Fehlerhebel beim geraden Stab.

$$M_x = S\left(f + \delta_m \sin \frac{\pi}{l} x\right). \tag{8}$$

Aus der Belastungsfläche der Momentenlinie folgt dann:

$$T J_s \delta_m = \frac{S l}{2} \int\limits_0^{l/2} \left(f + \delta_m \sin \frac{\pi}{l} x\right) dx - S \int\limits_0^{l/2} \left(f + \delta_m \sin \frac{\pi}{l} x\right)\left(\frac{l}{2} - x\right) dx = \left(\frac{f}{8} + \frac{\delta_m}{\pi^2}\right) S l^2$$

und hieraus die Beziehung zwischen Anfangsexzentrizität f und der Ausbiegung δ_m in der Stabmitte:

$$\delta_m = \frac{\dfrac{1}{8} \cdot \dfrac{S l^2}{T J_s}}{1 - \dfrac{1}{\pi^2} \cdot \dfrac{S l^2}{T J_s}} \cdot f. \tag{9}$$

Läßt man f und den Nenner gegen Null konvergieren (Unbestimmtheit von δ_m), so liefert Gleichung (9) unmittelbar die kritische Last:

$$S = K = \frac{\pi^2 T J_s}{l^2} \tag{10}$$

bzw. die kritische Spannung:

$$\sigma_K = \frac{\pi^2 T}{\lambda^2} \tag{10*}$$

in der verallgemeinerten Eulerformel, welche aber — wie aus der vorstehenden Ableitung ersichtlich — nur unter der Annahme eines, wenn auch veränderlichen, aber bei der jeweiligen Stabbelastung S für die ganze Stablänge l gleichbleibenden Knickmoduls T einwandfreie Gültigkeit besitzt. Bei den Gleichungen (3) und (4) für den Karmanschen Knickmodul ist er für den Fall gleichbleibenden Querschnitts ohne weiteres gegeben. Bei der Gleichung (6) für den genaueren Knickmodul ist er jedoch wesentlich von dem Einfluß des Verhältniswertes $\frac{\varrho_n}{\varrho_r}$ abhängig.

Vorstehende Ableitungen ergeben einen engen Zusammenhang zwischen einem konstanten Knickmodul T und der als ursprüngliche Stabform, wie auch als Verbiegung angenommenen Sinuslinie. Eine an einem bestimmten Fehlerhebel $f < \delta_m$ an einem nach einer Sinushalbwelle $\delta_x = \delta_m \sin \frac{\pi}{l} x$ schwach gekrümmten Stab auf der gleichen Seite angreifende Kraft wird strenggenommen den Stab nicht nach einer Sinuslinie verbiegen. Doch wird sich der durch diese Annahme entstehende Fehler für unsere Untersuchung nicht stark auswirken. Für die jeweiligen Laststufen σ_r/ε_r und die zugehörigen Biegepfeile δ_r und Krümmungshalbmesser ϱ_r folgt dann die allgemeine Beziehung:

$$\frac{\varrho_n}{\varrho_r} = \frac{\delta_r}{\delta_n} = \frac{y_r}{y_n}. \tag{11}$$

---

[22]) Die auf die Kosinuslinie sich beziehenden Ableitungen Zimmermanns[7]), als deren Sonderfall Gleichung (1) erscheint, waren mit Rücksicht auf die Verlegung des Koordinatennullpunktes in den Scheitel der Welle zwecks Untersuchung von Fällen allgemeinster Art erforderlich. Für den bei unserer Untersuchung in Betracht kommenden einfachen symmetrischen Fall ist die Annahme einer Sinushalbwelle — wie die übliche Berechnungsweise zeigt — zweckmäßiger.

Für das Zusatzglied $\varDelta T$ ergibt sich dann schon mit

$$\varDelta T = \sum_{1}^{n-1} \frac{\delta_r}{\delta_n}\,(T_r - T_{r+1}) \tag{12}$$

ein innerhalb der ganzen Stablänge gleichbleibender Wert. Mit der nach Abb. 5 im allgemeinen eine schwach gekrümmte Linie von allerdings nicht näher bekannter genauer Form darstellenden theoretischen „Knicklinie" ist ein weiterer Zusammenhang zwischen Ausbiegung und zentrischer Stabspannung gegeben, welcher im Zusatzglied durch die Form:

$$\varDelta T = \nu_0 \sum_{1}^{n-1} \frac{\sigma_r}{\sigma_n}\,(T_r - T_{r+1}) \tag{13}$$

zum Ausdruck gebracht werden kann. Mit dem der Summenformel vorangesetzten veränderlichen Beiwert $\nu_0 < 1$ soll der von einem proportionalen Zusammenhang ein wenig abweichenden, mathematisch allgemein nicht genau erfaßbaren Beziehung zwischen σ und δ nach Abb. 5 Rechnung getragen werden. Unsere Rechnung wird noch einfacher, wenn wir die bezogenen Stauchungen ε an Stelle der Spannungen σ einführen. Setzt man:

$$\frac{\sigma_r}{\sigma_n} = \nu_1 \cdot \frac{\varepsilon_r}{\varepsilon_n},$$

so ist stets $\nu_1 > 1$. Im Hinblick auf die bei der Ermittlung der σ-ε-Linie noch bestehenden Schwierigkeiten und Unklarheiten wird man hinsichtlich der Verhältniswerte ν_0 und ν_1 einen gewissen Ausgleich dadurch schaffen, daß man einen beide ersetzenden Verhältniswert $\nu = 1$ einführt. Um andererseits eine für verfeinerte theoretische Erkenntnisse brauchbare Form der Beziehung für den Knickmodul beizubehalten, schreiben wir ganz allgemein:

$$T = T_K + \varDelta T = T_K + \nu \sum_{1}^{n-1} \frac{\varepsilon_r}{\varepsilon_n}\,(T_r - T_{r+1}), \tag{14}$$

zumal eine gewisse Abminderung von ν auf etwa $0{,}99 \div 0{,}95$ vielfach zweckmäßig sein dürfte, wenn sich die Spannungen der oberen Fließgrenze nähern.

Erreichen die Knickspannungen die Fließgrenze, so ist zunächst wesentlich, daß der Werkstoff beim Erreichen der oberen Fließgrenze σ_{F_0} (σ_3 in Abb. 10) in einen Zustand völliger Nachgiebigkeit gerät, welcher durch einen mehr oder weniger plötzlichen Abfall der Spannungen auf eine untere Fließgrenze σ_{F_u} eingeleitet werden kann. Für das Spannungs- und Formänderungsbild wirkt sich dieser Vorgang als reine Verschiebung der oberen Begrenzungslinie des Spannungsbildes aus, während sich ihre Form und relative Lage nicht ändert. Der verschwindend geringfügigen Vergrößerung von ε_3 wegen bleiben die Gleichgewichtsbedingungen im Spannungs- und Stauchungsbild unverändert bestehen. Der darauf folgende Fließbereich bis zum Wiederanstieg der Spannungen (in Abb. 10 $\varDelta_F = \varepsilon_4 - \varepsilon_3$) folgt ohne weiteren Spannungszuwachs. Hält man auch hier an der Annahme des Ebenbleibens der Stabquerschnitte und an der Karmanschen Spannungs-

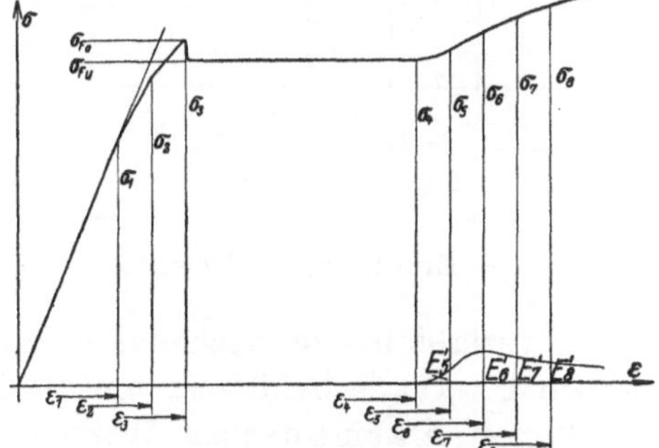

Abb. 10. Schema einer vollständigen Druckdehnungslinie.

verteilung in den aufeinanderfolgenden Stadien der Verbiegung fest, dann ist man unter Berücksichtigung der während des Knickvorgangs im Fließbereich genau wie vorher unausgesetzt gleichzeitig sich auswirkenden Verschiebungen und Verdrehungen der verformten Querschnittsflächen auf hypothetische Annahmen angewiesen, zumal elementare Spannungsbilder hier versagen. Mit Sicherheit läßt sich nur feststellen, daß für die nach dem Erreichen der oberen Fließgrenze σ_{F_0} in Betracht kommenden Schlankheitsverhältnisse die untere Fließgrenze σ_{F_u} maßgebend ist.

Die in Abb. 11 dargestellte Verbiegung der Querschnitte im Fließbereich, welche durch die Achse C in der Ebene des Anfangsquerschnitts festgelegt ist, dürfte zur Weiterentwicklung dieser Gedanken geeignet sein. Sie deckt sich, wenn man wie früher eine mäßige Verbiegung voraussetzt, ungefähr mit den Annahmen der Karmanschen Spannungsverteilung und liefert eine Knickspannungslinie, welche mit den durch Knickversuche gewonnenen Knicklasten in Einklang steht.

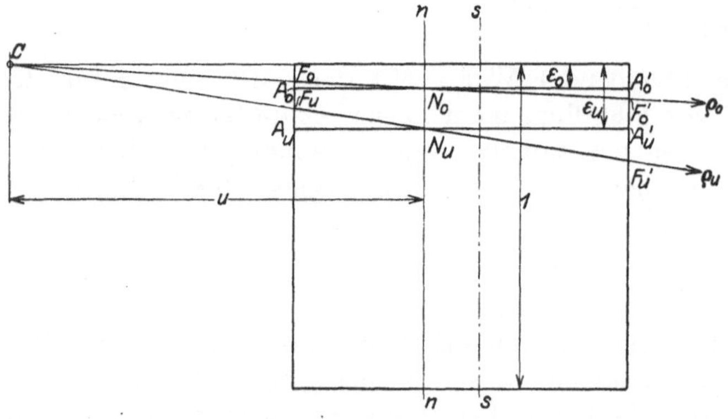

Aus Abb. 11 folgt:

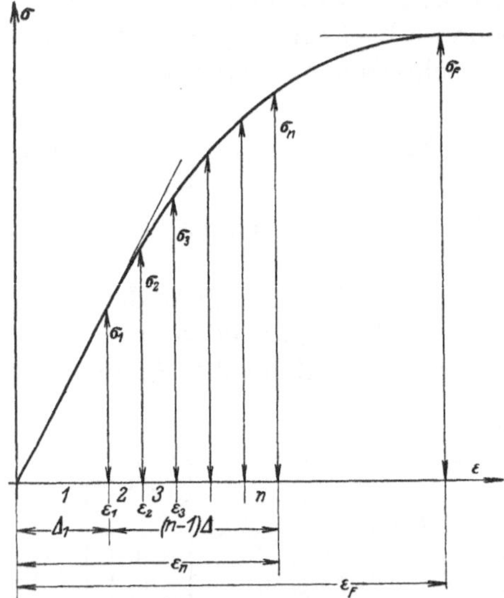

Abb. 11. Zur Hypothese der Formänderungen beim Fließen.

$$\frac{\varrho_0}{\varrho_u} = \frac{1 - \varepsilon_0}{1 - \varepsilon_u} \cdot \frac{\varepsilon_u}{\varepsilon_0} = \nu_F \cdot \frac{\varepsilon_u}{\varepsilon_0}. \qquad (15)$$

In Verbindung mit Gleichung (11) ergibt sich auch hier dann der gleiche Ansatz für $\varDelta T$ wie nach Gleichung (14). Diese Annahmen liefern für Werkstoffe mit ausgesprochener Fließgrenze einen waagerechten Verlauf der Knickspannungslinie bis zu den durch den Wiederanstieg der Druckdehnungslinie gegebenen Schlankheitsverhältnissen. Dieser Verlauf dürfte im allgemeinen zutreffend sein, zumal er durch die aus den Knickversuchen gewonnenen Ergebnisse bestätigt wird.

Die Begrenzung dieses waagerechten Astes der Knickspannungslinie wird durch den neu aufsteigenden Ast der Druckdehnungslinie und auch durch die im gedrückten Stab nach Beendigung des Fließvorgangs aufgespeicherten Zusatzbiegungsspannungen gegeben sein. Die folgerichtige Weiterbildung der einzelnen Glieder des Knickmoduls nach Gleichung (14) über den Fließbereich hinaus führt dazu, die ersten Teilelemente des aufsteigenden Astes ($\varepsilon_4 \div \varepsilon_6$ in Abb. 10) mit negativen Vorzeichen einzuführen. Eine genaue Weiterverfolgung des entwickelten Rechnungsgangs über den Fließbereich ergibt, daß Gleichung (14) innerhalb des in Betracht zu ziehenden Spannungsbereichs auch bis in das Gebiet des wieder ansteigenden Astes mit genügender Genauigkeit beibehalten werden kann.

Zwecks praktischer Durchführung der Rechnung ermittelt man an den einzelnen Abständen $\varDelta = \varepsilon_r - \varepsilon_{r+1}$ (gewöhnlich $\varDelta = 0{,}00001$) die den aufeinanderfolgenden Spannungsstufen σ_r (Abb. 12) entsprechenden Karmanschen Knickmoduli T_K nach Gleichung (3) und (4). Ihre Auftragung in der σ-ε-Ebene liefert eine zusammenhängende Kurve, deren Ordinaten zwischen E und Null

Abb. 12. Zur Ermittlung der Knickmoduli.

stetig verlaufen. Je nach der erforderlichen Genauigkeit kann man die gleichen oder die halben Intervalle benützen, um die Differenzen $\varDelta T_r = T_r - T_{r+1}$ zu berechnen. Mit den so erhaltenen Karmanschen Werten für den vollständigen Verlauf der Druckdehnungslinie können dann nach Gleichung (14) in der Form:

$$\varDelta T = \nu \cdot \frac{1}{\varepsilon_n} \sum_{1}^{n-1} \varepsilon_r (T_r - T_{r+1})$$

die Zusatzglieder an den einzelnen Stellen berechnet werden, wie dies in Abschnitt IV, 2, C näher veranschaulicht ist. Der Beiwert ν kann mit genügender Genauigkeit bis in das Gebiet der kurzen Stäbe im allgemeinen $= 1$ gesetzt werden. Nur in unmittelbarer Nähe der oberen Fließgrenze wird — wie bereits bemerkt — zwecks Erzielung eines stetigen Übergangs vielfach eine geringe Abminderung auf $0{,}99 \div 0{,}95$ geboten sein.

III. Die Versuchsdurchführung.

1. Die Knickversuche.

A. Die Prüfstäbe.

Nach den in Abschnitt I angestellten Überlegungen mußte zwecks möglichster Herabminderung der Streuungen bestimmten Anforderungen zunächst bei den für die Versuche zu verwendenden Prüfstäben Rechnung getragen werden. Die Stäbe sollten:

genau gerade,

frei von Anfangsspannungen

und von gleichmäßiger Beschaffenheit (Güte)

sein. Ferner sollte:

die physikalische Beschaffenheit der Prüfstäbe den jeweiligen Gütevorschriften entsprechen, insbesondere aber die Spannung σ_S an der Streckgrenze.

Die anderwärts bei Versuchen erzielten allgemein stark streuenden Ergebnisse lassen ein besonderes Maß von Vorsicht angebracht erscheinen, und auf Grund der in unserer früheren Abhandlung[8]) entwickelten Gedanken wurden für die einzuleitenden Versuche im Jahre 1922/23 von der Gutehoffnungshütte in Oberhausen Prüfstäbe aus St 37 beschafft, welche von dem Werk geglüht und genau auf den verlangten rechteckigen Querschnitt von $25 \cdot 40\ \mathrm{mm^2}$ abgehobelt waren. Die Stäbe waren den mittleren Teilen von vier mit besonderer Vorsicht gegossener Blöcke entnommen. Trotzdem die an Probestäben ermittelten Güteeigenschaften, insbesondere die Streckgrenze, nicht den gestellten Anforderungen entsprachen, wurden Anfang Juli 1923 die ersten Knickversuche damit eingeleitet, um über das geplante Versuchsverfahren Erfahrungen zu gewinnen. Die in Abb. 13 eingetragenen, bei den Versuchen erzielten Knickspannungen konnten bei erträglichen Streuungen keineswegs befriedigen, da sie nicht den erwarteten Größen entsprachen. Sie gruppierten sich jedoch gut um den Streckgrenzenmittelwert $\sigma_S = 1870\ \mathrm{kg/cm^2}$ und zeitigten durch die damit verbundene Bestätigung unserer in Abschnitt I ausgesprochenen Vermutung immerhin ein bemerkenswertes Teilergebnis, welches Veranlassung gab, bei der Auswahl weiterer Prüfstäbe einer gleichmäßig hohen, den Gütevorschriften entsprechenden Streckgrenze ganz besondere Aufmerksamkeit zu schenken.

Über die Temperaturen beim Ausglühen waren zuverlässige Angaben nicht zu erhalten. Allem Anschein nach waren die Glühtemperaturen zu hoch. Insbesondere waren die Streckgrenzen, welche vor dem Glühen bei $2350 \div 2380\ \mathrm{kg/cm^2}$ und nach dem Glühen bei $1800 \div 1970\ \mathrm{kg/cm^2}$ lagen, stark herabgemindert. Die Glühtemperaturen waren offenbar für alle Stäbe auch nicht gleich hoch, und infolgedessen ließen die Prüfstäbe auch an gleichmäßiger Beschaffenheit zu wünschen übrig.

Für die Fortführung der Versuche mit Prüfstäben aus St 37 mußte wegen der damaligen politischen Verhältnisse im Westen (Ruhrbesetzung) ein anderes Lieferwerk, und zwar das Stahlwerk Riesa der Mitteldeutschen Stahlwerke, herangezogen werden, und diesem Werk wurden erweiterte Liefervorschriften übermittelt. Nach einigen Probewalzungen gelang es dem Werk, die Prüfstäbe genügend scharfkantig und in ausreichend genauen Querschnittsabmessungen abzuwalzen. Dies führte auch aus wirtschaftlichen Erwägungen zum Verzicht auf die Bearbeitung (Abhobeln der Prüfstäbe), zumal auch angenommen werden mußte, daß die Walzhaut auf die Versuchsergebnisse nicht ohne Einfluß bleiben würde. Unter Beibehaltung gleichmäßiger Walztemperaturen und gleichmäßigen Streckmaßes wurden die Prüfstäbe i. d. R. unter unserer Aufsicht (vgl. Vorwort) abgewalzt, mit Holzhämmern gerichtet und bis zum Erkalten vorsichtig gelagert. Unmittelbar nach dem Erkalten wurde die Verwendbarkeit der Walzstäbe durch Feststellung der Streckgrenzen nachgeprüft und eine entsprechende Auswahl getroffen. Von jedem der ausgesuchten Walzstäbe wurde an beiden Enden ein weiterer Probestab entnommen und zu genauerer Feststellung der Werkstoffeigenschaften an das Staatl. Materialprüfungsamt gesandt. Ergaben diese zweiten Proben hinreichend gleichmäßige Güteeigenschaften, insbesondere gleichmäßige Streckgrenzen in der vorgeschriebenen Höhe, so wurde der Walzstab endgültig in Stücke von 1,5 m Länge aufgeteilt. Diese Stücke wurden an beiden Enden mit Bezeichnungen versehen, welche ihre ehemalige Lage im Walzstab jederzeit erkennen ließen, und nach dem Staatl. Materialprüfungsamt gesandt. Die Länge dieser Stäbe gestattete dem Amt eine weitere Probeentnahme

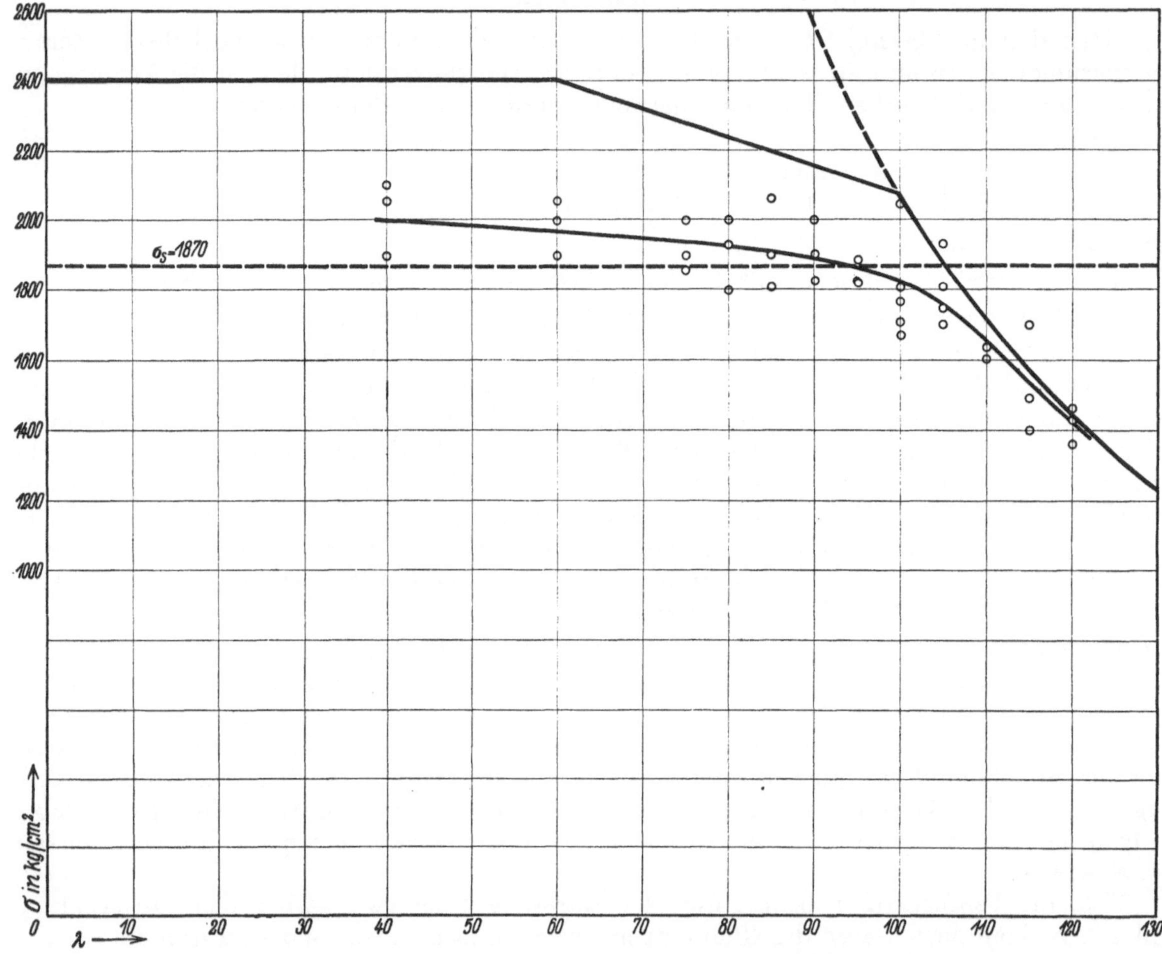

Abb. 13. Ergebnisse der Knickversuche mit zu stark geglühten Prüfstäben.

und deren Prüfung, so daß i. d. R. für jeden Prüfstab die Güteeigenschaften durch Proben von beiden Stabenden ermittelt werden konnten. Da die Krümmungen der einzelnen Walzstäbe genau ausgemessen und die Prüfstäbe den am wenigsten gekrümmten Strecken entnommen werden mußten, blieben mitunter jeweils nur Proben an einem Ende der Prüfstäbe übrig.

Trotz aller Vorsichtsmaßnahmen gelang es bei diesem Verfahren nicht, Prüfstäbe ohne merkliche Krümmung zu erhalten. Da, wie oben ausgeführt, die Bearbeitung der Stäbe aus verschiedenen Gründen erspart werden sollte, wurden zunächst Vergleichsversuche mit ungerichteten und warm nachgerichteten Stäben durchgeführt, obgleich man sich von dem Richten keine wesentlichen Erfolge versprechen konnte. Die Prüfstäbe mit Schlankheitsverhältnissen 105,3÷106,5 wurden in der Prüfmaschine nach dem weiter unten angegebenen Verfahren genau eingerichtet und bis zum Versagen belastet. Die Ergebnisse der Vergleichsversuche sind in Tafel 1 wiedergegeben. Die größten Abweichungen der Knickspannungen von den theoretischen Eulerwerten im Ausmaße bis zu 2,3%, zu welchen vermutlich noch an-

Tafel 1.

Versuch	1	5	6	2	3	4
Probe	9. 1. F.	9. 3. D.	9. 1. D.	9. 4. M.	9. 4. H.	9. 4. O.
Zustand	warm gerichtet			ungerichtet		
Gr. Krümmung mm in Richtung $\{\,y$	0,9	0,2	0,7	0,45	0,2	0,9
$\phantom{\text{Gr. Krümmung mm in Richtung }}\{\,x$	0,55	0,3	0,15	0,65	0,2	0,5
$E \cdot 10^{-3}$ kg/cm²	2100	2092	2099	2093	2092	2096
Bruchgrenze kg/cm²	4048	3989	4003	4029	4029	4010
Knickspannung σ_K kg/cm²	1825	1850	1895	1874	1845	1843
Eulerspannung σ_{K_0} kg/cm²	1827	1844	1869	1832	1839	1831
Abweichung von der Eulerspannung in Proz.	−0,1	+0,3	+1,4	+2,3	+0,3	+0,7

dere Unregelmäßigkeiten beigetragen hatten, ließen den Verzicht auf das Geraderichten berechtigt erscheinen, zumal der Vergleich der einzelnen Werte keine wesentlichen Unterschiede zwischen gerichteten und ungerichteten Stäben erbrachte.

Zu den möglicherweise hierbei wirksamen Unregelmäßigkeiten gehören vor allem etwaige Anfangsspannungen, welche durch ungleichmäßige Walztemperaturen oder durch ungleichmäßiges Abkühlen nach dem Walzen verursacht sein können. Zunächst wurde, um diese Anfangsspannungen zu beseitigen, an dem Ausglühen der Prüfstäbe und Probeenden festgehalten. Nach früheren Erfahrungen war hierbei vor allem die Vermeidung von Gefügeänderungen geboten, und das Ausglühen vollzog sich infolgedessen nur „über A_{r_3}", d. h. die Stäbe wurden bei etwa 920° 20 Minuten lang geglüht. Die nach einer Probeglühung vorgenommene chemische und metallographische Nachprüfung des Werkstoffes befriedigte. Die Feststellung der physikalischen Eigenschaften ergab ein Vergleichsbild nach Tafel 2. Die beim Walzen sich geltendmachenden Wärmeeinflüsse bewirken offenbar auch Unregelmäßigkeiten, welche sich bei der Werkstoffprüfung als sehr frühzeitiges Abweichen der σ-ε-Linie von der Hookeschen Geraden, mithin als überraschend niedrig liegende Proportionalitäts-

Tafel 2.

Spannung in kg/cm² an der	Charge 10 638		Charge 10 777	
	ungeglüht	geglüht	ungeglüht	geglüht
Proportionalitätsgrenze .	2000	2200	1300	2400
Streckgrenze	2601	2486	2613	2563
Bruchgrenze	4048	3889	4247	3949
$E \cdot 10^{-3}$ kg/cm²	2090	2084	2096	2113

grenze, äußern, und welche offenbar — wie Tafel 2 zeigt — durch das Ausglühen beseitigt werden konnten. Daraufhin wurden sämtliche Prüfstäbe und Probeenden aus St 37 in gleicher Weise ausgeglüht.

Einer weiteren selbstverständlichen, an die Prüfstäbe zu stellenden Anforderung wurde durch genau winkelrechte Bearbeitung der Stirnflächen der Prüfstäbe im Staatl. Materialprüfungsamt Rechnung getragen.

Das damit endgültig festgelegte Verfahren wurde bei der Herstellung und Auswahl der Prüfstäbe im wesentlichen auch bei den weiteren Versuchsreihen mit Prüfstäben aus St 48 und St Si angewendet.

In St 48 wurde je ein Satz Prüfstäbe in Siemens-Martin-Stahl von dem Stahlwerk Riesa und der Gutehoffnungshütte, Oberhausen, ferner ein Satz in Thomasstahl von der Kruppschen Friedrich-Alfred-Hütte, Rheinhausen, zur Verfügung gestellt. Die Güteeigenschaften dieser drei Sätze waren naturgemäß nicht übereinstimmend zu erzielen. Daraus dürften sich die etwas größeren Streuungen der Knicklasten dieser Prüfstäbe mit erklären lassen. Auch hier ergab die Werkstoffprüfung kleine, aber erkennbare Abweichungen von der Hookeschen Geraden, schon bei Spannungen zwischen etwa 1300÷1800 kg/cm². Das Ausglühen der Prüfstäbe stieß auf Schwierigkeiten, weil die dazu erforderlichen Einrichtungen nicht auf sämtlichen an der Lieferung beteiligten Werken zur Verfügung gestellt werden konnte. Man entschloß sich, zunächst durch Vorversuche mit geglühten und nicht geglühten Stäben festzustellen, ob die an den Proben gemessenen niedrigen P-Grenzen die Eulerlasten wesentlich herabmindern, denn im elastischen Knickbereich mußte sich dies ja besonders deutlich auswirken. Wie Tafel 3 zeigt, war für die Schlankheitsverhältnisse $\lambda = 86{,}6 \div 87{,}3$ wohl ein kleiner Einfluß zu erkennen. Immerhin lassen aber die Knicklasten der nicht geglühten Stäbe

Tafel 3. Vergleichsversuche mit ungeglühten und geglühten Prüfstäben aus St 48.

Versuch	Zustand	λ	$E \cdot 10^{-3}$ kg/cm²		σ_P kg/cm²		σ_S kg/cm²		Knick-spannung σ_K kg/cm²	Euler-spannung σ_{K_0} kg/cm²	$\dfrac{\sigma_K}{\sigma_{K_0}}$		$\dfrac{\sigma_K}{\sigma_S}$	
			Einzelwert	Mittelwert	Einzelwert	Mittelwert	Einzelwert	Mittelwert			Einzelwert	Mittelwert	Einzelwert	Mittelwert
3	ungeglüht	86,7	2093		1265		3177		2800	2749	1,019		—	—
4		86,6	2082		1791		3247		2793	2739	1,020	1,022	—	—
6		86,0	2094		1340		3231		2867	2793	1,026		—	—
8		79,4	2097		1424		3287		3155	3282	—	—	0,960	
9		75,2	2087	2091	1262	1384	3237	3238	3250	—	—	—	1,004	
12		69,8	2096		1261		3242		3173	—	—	—	0,979	
15		60,0	2087		1262		3237		3286	—	—	—	1,015	0,994
17		50,1	2096		1261		3242		3193	—	—	—	0,985	
18		40,1	2082		1634		3247		3256	—	—	—	1,003	
19		40,0	2094		1340		3231		3260	—	—	—	1,009	
1	geglüht	87,3	2064		1772		2961		2811	2672	1,052		—	—
2		86,9	2083		2131		3058		2837	2721	1,043	1,049	—	—
5		86,6	2078		1676		2942		2876	2735	1,052		—	—
7		80,3	2076		1985		2988		2994	3177	—	—	—	—
10		74,9	2079	2077	1853	1769	2979	2981	3024	—	—	—	1,015	
11		70,1	2077		1832		2967		3040	—	—	—	1,025	
13		60,4	2079		1853		2979		2879	—	—	—	0,966	1,007
14		60,3	2077		1832		2967		2997	—	—	—	1,010	
16		50,3	2076		1985		2988		3043	—	—	—	1,018	

mit $\lambda = 86 \div 86{,}7$ erkennen, daß die bei Feinmessungen festgestellten frühzeitigen geringfügigen Abweichungen der σ-ε-Linie von der Hookeschen Geraden keinen wesentlichen Einfluß haben, und daß diese Abweichungen der praktisch in Betracht kommenden P-Grenze nicht entsprechen.

Andererseits glaubte man, durch das Glühen etwaige, als Anfangsspannungen sich auswirkende Wärmeeinflüsse ausschalten zu können. Dies mußte sich erwartungsgemäß besonders auf das Maß der Streuungen im unelastischen Knickbereich auswirken. Wie aus Tafel 3 und Abb. 27 ersichtlich, zeigen die Ergebnisse der auch auf das unelastische Bereich ausgedehnten Vergleichsversuche, daß durch das Glühen das Maß der Streuungen nicht verringert wurde, daß aber die Knicklasten dieser Stäbe ausnahmslos unter denen der ungeglühten lagen. Daraus war zu schließen, daß infolge der Feinheit der Versuchsdurchführung Anfangsspannungen im Rahmen sämtlicher Unregelmäßigkeiten nicht besonders zum Ausdruck kommen, und daß ferner die durch das Ausglühen absinkenden Streckgrenzen die Knicklasten unverkennbar in abminderndem Sinne beeinflussen.

Für die weitere Versuchsdurchführung waren damit ergänzende wichtige Erkenntnisse gewonnen, und man prüfte von da ab sämtliche Stäbe in ungeglühtem Zustand.

In St Si wurde von Riesa schließlich ein Satz Prüfstäbe aus Siemens-Martin-Stahl geliefert. Ferner hat die Firma Freund A.-G. in Berlin drei im Bosshardtofen hergestellte Blöcke verschiedener Chargen zur Verfügung gestellt, welche vom Stahlwerk Riesa zu Prüfstäben ausgewalzt wurden. Mit diesen, dem Bosshardtofen entstammenden Prüfstäben, wurden wohl Knickversuche durchgeführt; wir lassen die Ergebnisse dieser Versuche jedoch im allgemeinen außer Betracht, da die Herstellung des Si-Stahles im Bosshardtofen keine ausschlaggebende Bedeutung erlangte, und da die Güteeigenschaften der drei Blöcke keine ausreichende Gleichmäßigkeit aufwiesen.

B. Die Lagerung der Prüfstäbe.

Die Gesichtspunkte, welche zur Verwendung der im Prinzip in Abb. 14 dargestellten Schneidenlagerung für 50 t Höchstdruck führten, sind in unserer früheren Abhandlung[8]) ausführlich dargelegt. Dort ist diese Schneidenlagerung auch eingehend beschrieben. Ihre Vorzüge sind durch feine Einstellbarkeit, leichtes Spiel der Schneiden und Vermeidung der sog. starren Stabenden gekennzeichnet.

Die praktische Ausbildung zeigt allerdings Abweichungen von dem in Abb. 14 wiedergegebenen Prinzip nach **Panzerbieter**. Der Forderung gleichmäßiger Anlage der voneinander getrennten Schneiden an die Pfannen bedingt die Vermeidung größerer Formänderungen der die Schneiden tragenden Lagerkörper. Infolgedessen war eine möglichst weitgehende Verringerung des Abstandes „a" der Schneidenmitten von der Kraftachse geboten. Die endlich gewählte Ausbildung des unteren Lagerkörpers umfaßt als kräftiger, doppelwandiger und geschlossener Rahmen den oberen Lagerkörper und entspricht diesen Anforderungen in weitgehendem Maße. Allerdings wurde dadurch die Verwendungsmöglichkeit der Schneidenlager auf kleinste Schlankheitsverhältnisse $\lambda = 40$ beschränkt. Wenn auch

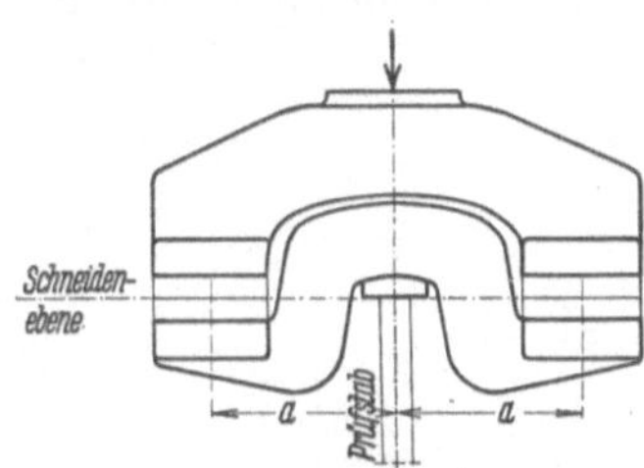

Abb. 14. Prinzip der Schneidenlagerung.

ein Absinken der Knicklasten bei Schlankheitsverhältnissen $\lambda < 40$ nicht zu erwarten war und andererseits praktisch-wirtschaftliche Folgerungen aus einer auch wesentlichen Vergrößerung der Knicklasten für kleinere Schlankheiten nicht gezogen werden können, so bestand doch das Bedürfnis nach einer möglichst weitgehenden Vervollständigung der Knickspannungslinie unter $\lambda = 40$ herab durch Knickversuche. Die Verwendung anderer Stabquerschnitte mit größerem Trägheitsradius war nicht erwünscht und hätte im Hinblick auf die begrenzte Tragfähigkeit der Schneidenlagerung auch nicht viel genützt. Da eine neue Schneidenlagerung für kurze Stäbe recht kompliziert und teuer geworden wäre, wurde durch das Staatl. Materialprüfungsamt ein besonderer Rahmenapparat beschafft und verwendet.

Dieser in Abb. 15 schematisch dargestellte Rahmenapparat gestattet die Unterteilung eines zwischen die Schneidenlager eingebauten Stabes mit dem Schlankheitsverhältnis λ in zwei Felder von

je $\lambda' = \dfrac{\lambda}{2}$ durch Festlegung der Stabmitte nach einem Vorschlag von

Zimmermann. Der Mittelpunkt der Stabschwerachse durfte hierbei in Richtung des kleinen Trägheitshalbmessers keine oder nur verschwindend kleine Bewegungen gegen die durch die Endpunkte der Stabschwerachse gegebenen Geraden ausführen können. Andererseits mußte eine leichte Drehbarkeit der beiden Stabfelder um den großen Trägheitshalbmesser der Stabmitte gewahrt werden, um dem Stab die Möglichkeit zu geben, in Wellen von der halben Stablänge auszubiegen. Die erste Bedingung gestattet keine Festlegung der Stabmitte im Raum oder gegen die Maschine, da die Lagerteile immer kleine Bewegungen ausführen und damit eine Relativbewegung der Stabmitte gegen die Stabenden bewirkt worden wäre. Diese Bewegung hätte eine senkrecht zur Stabachse wirkende Zusatzbelastung erzeugt, welche

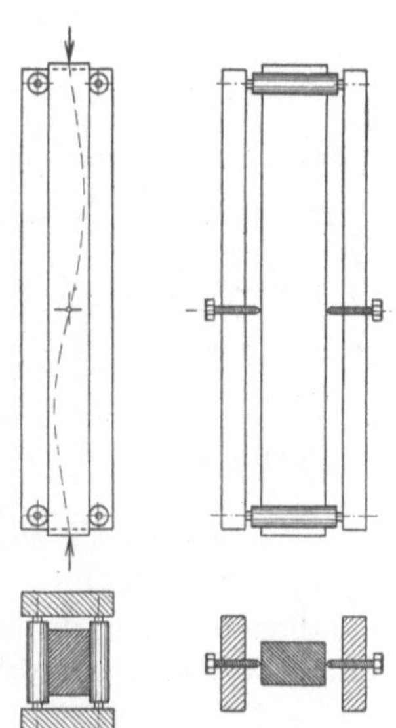

Abb. 15. Schema des Rahmenapparates nach **Zimmermann**.

bei der kurzen Stablänge verhältnismäßig groß werden konnte. Der Rahmen nach Abb. 15 vermeidet diesen Nachteil dadurch, daß er durch angepreßte, verstellbare kleine Walzen mit den Stabenden in feste Verbindung gebracht wurde, um auch der Formänderung der Stäbe an diesen, nahe bei den Stabenden gelegenen Stellen leicht stattzugeben. Außerdem wurde durch diese Bauart die Übertragung von Axialkräften auf den Rahmen vermieden, was durch Feinmessungen bestätigt wurde. Die Festlegung der Stabmitten erfolgte nun durch besondere verstellbare Spitzen, welche in den beiden Rahmenstäben gelagert sind.

Die Verwendung der Rahmen erfolgte so, daß zunächst der Stab mit kleinen Eindrehungen in der Mitte versehen und mit seinen Enden in dem Rahmen befestigt wurde. Daraufhin wurde der Stab in der Maschine genau zentriert, und erst dann erfolgte die Festlegung der Stabmitte in leicht belastetem Zustand, weil in unbelastetem Zustand nachträgliche Verschiebungen eintreten konnten. Auf zwanglose Anlagen der Spitzen wurde selbstverständlich scharf geachtet. Zunächst wurde die Wirkungsweise des Rahmens ohne Festlegung der Stabmitte erprobt. Die Ergebnisse von Vergleichsversuchen zeigten hierbei, daß durch die angepreßten Walzen keine merkliche Einspannung der Stabenden eintrat.

Bei sämtlichen Versuchen mit durch den Rahmen festgelegter Stabmitte wurde die Verformung des Stabes nach dem Knicken genau ausgemessen, um feststellen zu können, wieweit Relativbewegungen der Stabmitte gegen die Stabenden eingetreten waren. In Abb. 16 sind vier charakteristische Verformungen derartiger Prüfstäbe aus St Si dargestellt. Die Überzahl der Stäbe knickte in einer mehr oder weniger regelmäßigen S-Kurve aus; vereinzelt traten auch unregelmäßige Verformungen ein. In beiden Fällen lassen die Biegelinien erkennen, daß die Stabmitte infolge Verdrückung der kleinen Eindrehungen öfters doch deutlich feststellbare Relativbewegungen gegen die Stabenden ausgeführt hat. Trotzdem erwiesen sich aber sämtliche Ergebnisse der Knickversuche mit festgelegten Stabmitten als verwendbar, denn die gute Übereinstimmung dieser Knicklasten mit solchen gleicher Schlankheiten, bei welchen keine Bewegung der Stabmitten eingetreten war, zeigte, daß diese Bewegungen die Knicklasten in fühlbarem Maß nicht beeinflußt haben. Außerdem wurden Vergleichsversuche mit Prüfstäben angestellt, deren Gesamtlänge einem Schlankheitsverhältnis $\lambda = 80$ entsprach, und deren wirksame Schlankheit durch die im Rahmenapparat festgelegte Stabmitte auf $\lambda' = 40$ herabgemindert war. Die vorher mit Stäben von der halben Länge und einem Schlankheitsverhältnis $\lambda = 40$ ohne Rahmenapparat durchgeführten Versuche ergaben annähernd übereinstimmende Knicklasten mit diesen Rahmenversuchen. Auch dadurch war die Brauchbarkeit des Rahmenapparates erwiesen.

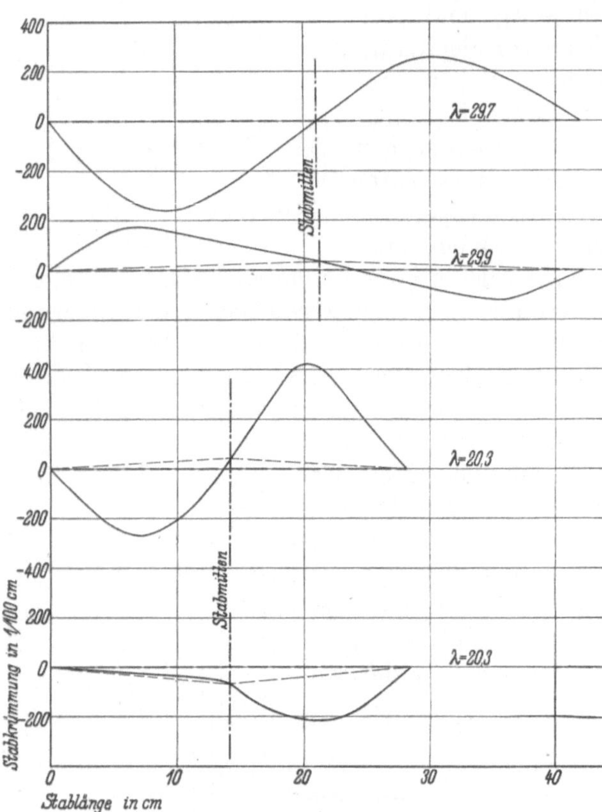

Abb. 16. Verformungen von Prüfstäben aus St Si bei Knickversuchen mit dem Rahmenapparat.

C. Die Zentrierung der Prüfstäbe.

Sämtliche Knickversuche wurden auf einer stehenden, durch Preßwasser betätigten 50 t-Prüfmaschine mit Meßdose Bauart Martens des Staatl. Materialprüfungsamtes durchgeführt. Die Prüfstäbe wurden zunächst auf die Druckplatte des unteren Schneidenlagers aufgesetzt und durch Verstellen dieses Lagers so ausgerichtet, daß auch die obere Endfläche der Stäbe mittlich zur Maschinenachse an die Druckplatte des oberen Schneidenlagers zum Anliegen gebracht werden konnte. Zwecks Beschränkung des Problems auf einen ebenen Spannungszustand mußten Ausbiegungen der Stäbe in Richtung der großen Trägheitsachse möglichst vermieden werden. In dieser Richtung hatten die Stäbe ein größeres Trägheitsmoment und waren infolge der Flächenlagerung auch eingespannt. Außerdem mußten sie zur Vermeidung von Ausbiegungen auch genau eingerichtet werden. Diese Einrichtung erfolgte dadurch, daß man die Ausbiegung in Stabmitte in Richtung der großen Trägheitsachse unter geringen Belastungen feststellte und durch Nachrichten bis auf wenige Einheiten von $^1/_{1000}$ mm verringerte. Änderte sich diese Ausbiegung während des Versuchs erheblich, so wurde der Stab entsprechend nachgerichtet. Besonders genaue Einrichtung verlangten die Stäbe in der Richtung des kleineren Trägheitshalbmessers, in welcher das Ausknicken erfolgen sollte. Hierzu dienten Stellschrauben, welche gestatteten, die Stabenden gegen die Druckplatten zu verschieben. Das Maß der erforderlichen Verschiebungen wurde, wie bereits erwähnt, nach einem von Zimmermann angegebenen Verfahren berechnet [23]). Bezeichnet man nach Abb. 17 die an den Stabenden vorhandenen Exzentrizitäten mit f_1 und f_2, ferner die in Stabmitte und in den Viertelspunkten zu messenden Ausbiegungen mit δ_m, δ_1 und δ_2, so bestehen die Beziehungen:

$$f_1 = g\,\delta_1 - k\,\delta_2,$$
$$f_2 = g\,\delta_2 - k\,\delta_1,$$

und die Bedingungsgleichung für die durch die Fehlerhebel verursachten Momente $S f_1$ und $S f_2$ lautet:

$$\frac{1}{2}\,(f_1 + f_2) = m\,\delta_m.$$

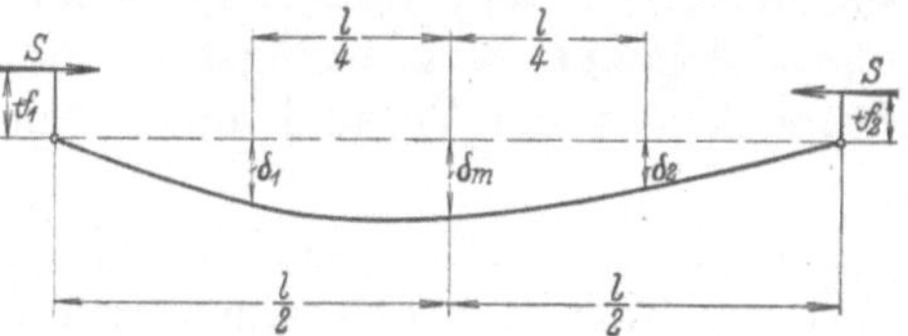

Abb. 17. Belastung eines Stabes mit Fehlerhebeln.

g, k und m sind Beiwerte, welche von der Lage der Meßstellen und dem Verhältnis der Stabkraft S zur theoretischen Eulerlast abhängen. Über das Einrichteverfahren wird später durch das Staatl. Materialprüfungsamt noch ausführlich berichtet werden.

Abb. 18. Anordnung der Knickversuche.

Bei den Versuchen wurden im Staatl. Materialprüfungsamt mit der bekannten Genauigkeit und Sorgfalt sämtliche sonst noch erforderlichen Messungen und Beobachtungen durchgeführt, und Abb. 18 vermittelt einen Blick auf die Prüfmaschine mit einem zwischen den Schneidenlagern eingebauten Stab mit den Meßapparaten. Die seitlichen Ausbiegungen nach beiden Achsen wurden mittels Leuneruhren in $^{1}/_{1000}$ mm gemessen. Da die räumlichen Bewegungen des Stabes mit beobachtet werden mußten, um genaue Ausbiegungsmessungen zu erzielen, war der Einbau von fünf solcher Meßuhren in Richtung der kleinen Trägheitsachse und von drei Meßuhren in senkrechter Richtung dazu notwendig. Die Parallelbewegungen der Druckplatte des oberen, mit den Kolben in Verbindung gebrachten Schneidenlagers wurden bei den ersten Versuchen besonders überprüft. Die Kraftmessung erfolgte durch eine hydraulische Meßdose.

2. Die Druckversuche.

A. Allgemeines.

Zur Nachprüfung der aus Knickversuchen gewonnenen Knicklasten hatte bereits Karman [5]) die von Engesser [4]) angebahnte Verallgemeinerung der Eulertheorie vervollkommnet und

---

[23]) Sitzungsberichte d. Preuß. Akademie d. Wissenschaften 1922, H. XII.

mittels des in Abschnitt II näher untersuchten Berechnungsverfahrens die Knicklasten für das unelastische Bereich auch aus der Druckdehnungslinie ermittelt. Die erheblichen Schwierigkeiten der Darstellung der Druckdehnungslinie waren uns bekannt. Da inzwischen aber auch andere Forscher, wie Roš[24]) und Gehler[25]), den von Karman bereits eingeschlagenen Weg wenigstens zum Teil mit Erfolg beschritten hatten, schien auch für unsere Arbeit der Versuch einer Nachprüfung der Knicklasten nach diesem Verfahren geboten.

Die Hauptschwierigkeit besteht darin, in der zwischen ebenen Platten eingebauten und axial gedrückten Probe einen möglichst gleichmäßigen Spannungs- und Dehnungszustand zu erzielen. Mit diesem allgemeinen Problem haben sich viele Forscher befaßt, und für bildsame Körper, wie Stähle, haben u. a. in neuester Zeit Meyer und Nehl[26]) in einer schönen Arbeit die Vorgänge außerordentlich klar beleuchtet und auch die Grundbedingungen für ein erfolgversprechendes Verfahren in aller Klarheit umschrieben.

Da das Volumen eines gedrückten Stahlkörpers beim Druckversuch mit großer Annäherung gleichbleibt, folgt aus der Verkürzung eine Ausbreitung des Körpers quer zur Stabachse. Infolge der Reibung zwischen den Druckplatten und den satt anliegenden Endflächen des Druckkörpers wird dort die Breitung mehr oder weniger verhindert und bleibt hinter dem Durchschnittswert zurück. Mit wachsenden Abständen von den Endflächen vermindert sich der Einfluß dieser Reibung, und der Körper nimmt bei der Verformung tonnenförmige Gestalt an. Infolgedessen wird die Spannungsverteilung trotz gleichmäßiger Verteilung der Druckkraft über die Endflächen innerhalb des Probekörpers sowohl in verschiedenen Höhen als auch innerhalb gleicher Querschnitte verschieden, und neben senkrecht und waagerecht gerichteten Normalspannungen treten auch Schubspannungen auf. Die größten Schubspannungen treten hierbei in Verformungsebenen auf, welche gegen die Hauptspannungsrichtung mehr oder weniger stark geneigt sind. Wie Meyer und Nehl[26]) nachweisen, entstehen infolge Reibung an den Endflächen kegelförmige Bereiche („Störungskegel", ähnlich den Druckkegeln bei spröden Körpern), welche zunächst an der Verformung nicht teilnehmen und sich erst nach erheblicher Überschreitung der Quetschgrenze zu verformen beginnen. Von diesen Kegeln geht die Störung des Spannungs- und Formänderungszustandes aus, und es lag selbstverständlich nahe, die Ursachen ihrer Entstehung nach Möglichkeit zu beseitigen. Durch Schmierung der Endflächen des Druckkörpers wurde ausreichende Besserung nicht erzielt. Da die Reibung als Folge der geringen Querdehnung der harten Druckplatten anzusehen ist, versuchten Meyer und Nehl ihre Beseitigung durch Einschaltung von Druckplatten mit gleichem Breitungsvermögen wie die Proben. Bei genügender Höhe dieser Platten gelang es, die Behinderung der Verformung an den Probeenden völlig aufzuheben. Eine Erweiterung dieses Gedankens führte zur Unterteilung der Druckprobe der Höhe nach in drei Stücke. Hierbei gelang es, in dem mittleren Stück parallelepipedische Verformung und damit einen regelmäßigen, ebenen Spannungszustand zu erzielen. Ein nachfolgender Versuch mit einer gleich hohen, nicht unterteilten Probe lieferte über die ganze Höhe die gleiche Verformung wie die unterteilte Probe. Daraus war zu schließen, daß sich bei genügender Höhe der Probe im mittleren Teil ein regelmäßiger, von Störungen freier Spannungs- und Verformungszustand erzielen läßt. Wesentlich bleibt hierbei, daß die Spitzen der sich in den Endflächen bildenden Kegel nicht in das Gebiet eindringen, welches regelmäßige Verformungen aufweisen soll, weil ja die Spannungs- und Formänderungsstörungen von dem Eindringen der Kegelspitzen herrühren. Bei Stauchungen in stärkerem Ausmaße, wie sie für unsere vorliegende Aufgabe, welche ja auch die σ-ε-Linie über das Fließgebiet hinaus liefern sollte, in Betracht kommen, mußte mithin eine größtmögliche Höhe der Druckproben,

---

[24]) Roš u. Brunner: Über die Knickfrage. Sonderbericht der Techn. Komm. des Verbandes Schweiz. Brücken- und Eisenhochbau-Fabriken. März 1922. Ferner: Verhandlungen des 2. Internat. Kongresses für technische Mechanik, S. 368. Zürich: Orel Füßli 1927. Ferner: Bericht über die 2. Internat. Tagung für Brückenbau und Hochbau, S. 282. Wien: Julius Springer 1929.

[25]) Hauptversammlung des Deutschen Stahlbau-Verbandes in Stuttgart 1924. Ferner: Verhandlungen des 2. Internat. Kongresses für technische Mechanik, S. 364. Zürich: Orel Füßli 1927.

[26]) Stahl und Eisen 1925, S. 1961.

die andererseits noch Knickerscheinungen bei den hohen Laststufen ausschloß, gewählt werden.

Kurz nach Veröffentlichung der Arbeit von Meyer und Nehl haben Siebel und Pomp[27]) zur Erzielung einer parallelepipedischen Verformung die Verwendung von Druckkörpern mit kegelförmig eingedrehten Endflächen vorgeschlagen. Die Ergebnisse der nach diesem Vorschlag durchgeführten ersten Versuche waren Veranlassung, zunächst das Kaiser Wilhelm-Institut für Eisenforschung in Düsseldorf mit der Darstellung der Druckdehnungslinien für die in Betracht kommenden Stähle nach diesem „Kegelstauchverfahren" zu beauftragen.

B. Druckversuche nach dem Kegelstauchverfahren.

Das Kegelstauchverfahren besteht darin, bei einer genau achsrecht belasteten, mit hohlkegeligen Endflächen versehenen Druckprobe die beim gewöhnlichen Stauchversuch entstehende Neigung der Spannungstrajektorien zur Hauptsache zu vermeiden und eine genau zur Stabachse gleichlaufende Druckrichtung und entsprechend regelmäßige Verformung zu erzielen. Der Neigungswinkel α des Hohlkegels entspricht hierbei der Größe des Reibungswinkels ϱ zwischen Probekörper und Druckplatte. Eine schematische Darstellung des Verfahrens zeigt Abb. 19. Das oberste Druckstück wird zur Erzielung genau gleichmäßiger Druckverteilung mittels eines Schiebers sorgfältig geführt.

Dem Kaiser Wilhelm-Institut in Düsseldorf wurden zur Durchführung der Versuche überschüssige Stücke von Prüfstäben aus St 37, St 48 und St Si zur Verfügung gestellt. Zylindrische Probekörper von 20 mm Durchmesser und 40 mm Höhe hat das Institut zunächst der Mitte der gelieferten Stücke von 40 mm Breite und 25 mm Dicke entnommen, später jedoch den seitlichen Hälften, um den Einfluß der in der Mitte liegenden Seigerungszone möglichst auszuschalten. Die Beobachtungsergebnisse zeigen wohl annähernd parallelepipedische Verformungen der Probezylinder[28]), dennoch aber waren die bei einer ersten Versuchsreihe gewonnenen Stauchungswerte nicht verwendbar, weil die für die einzelnen Beobachtungen gewählten Laststufen zu groß waren. Auch die mit einer zweiten Versuchsreihe mit weit kleineren Laststufen von $30 \div 90$ kg/cm² bis zur P-Grenze und $70 \div 150$ kg/cm²

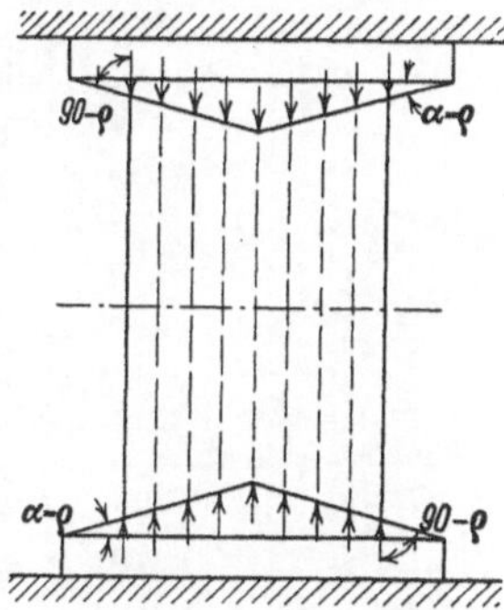

Abb. 19. Prinzip des Kegelstauchversuchs nach Siebel und Pomp.

oberhalb der P-Grenze beobachteten Stauchungen ergaben sehr starke Abweichungen der Druckdehnungslinie von den vorher im Staatl. Materialprüfungsamt an Zugproben gewonnenen Spannungsdehnungslinien. Größtenteils zeigten sich sehr frühzeitige und merkliche Abweichungen von der Hookeschen Geraden und eine unwahrscheinlich niedrige Lage der Quetschgrenze. Die Auswertung dieser Druckdehnungslinien nach dem Engesser-Karmanschen Verfahren ergab denn auch schließlich Knickspannungslinien, welche mit den aus den Knickversuchen gewonnenen überhaupt nicht in Einklang zu bringen waren. Insbesondere blieb die Größe der Knickspannung im unelastischen Knickbereich ganz wesentlich hinter den beim Knickversuch gewonnenen zurück.

Die Ursachen dieser Abweichungen wurden zunächst in dem Kegelstauchverfahren selbst gesucht. Wie aus Abb. 19 ersichtlich, müssen bei der parallelepipedischen Verformung des Druckkörpers die Druckspannungen von der Mantelfläche nach dem Innern zu zunehmen, weil die einzelnen Fasern bei verschiedener Länge gleiche Stauchungen aufweisen müssen. Die schärfere Berücksichtigung dieser Spannungsverteilung vermochte vorläufig keine ausreichende Klärung des starken Abweichens der Knickspannungslinie zu geben, und die beim Kegelstauchverfahren gemessenen Stauchungen konnten in dem vorliegenden Bericht zunächst nicht verwertet werden.

C. Druckversuche mit planparallel begrenzten Druckkörpern.

Für diese im Staatl. Materialprüfungsamt durchgeführten Versuche wurde zunächst ein besonders genau gearbeiteter, sog. Umschlußapparat beschafft, um genaueste Führung des

[27]) Mitt. aus dem Kaiser Wilhelm-Institut für Eisenforschung in Düsseldorf Bd. IX, Lieferung 8. 1927.
[28]) Ganz geringfügige Ausbauchungen in der Mitte der Probekörper mußten in Kauf genommen werden. Vgl. Mitt. aus dem Kaiser Wilhelm-Institut für Eisenforschung in Düsseldorf Bd. X, Lieferung 4, S. 55/56. 1928.

Druckstempels und damit möglichst genaue Druckverteilung auf die Endflächen der Druckproben zu erzielen. Da über die von anderen Forschern eingeschlagenen Versuchsverfahren zur Gewinnung der Druckdehnungslinie Einzelheiten nicht veröffentlicht waren, mußte zunächst durch Tastversuche die bestgeeignete Form der Probekörper und die für Stauchungsmessungen in Betracht kommende Größe des von der Endflächenreibung nicht beeinflußten mittleren Teils der Probe ermittelt werden. Die Grundfläche der an den Endflächen der Probe sich bildenden Störungskegeln wächst mit den Breitenabmessungen der Probe; mithin entsteht die Aufgabe, ein möglichst günstiges Verhältnis von Höhe zu Breite der Probe unter gleichzeitiger Ausschaltung jeder Knickgefahr zu finden. Mehrfach wird hierfür im Schrifttum das Verhältnis 2:1 empfohlen. Meyer und Nehl hatten bei einzelnen Versuchen mit Erfolg das ungefähre Verhältnis 2,8:1 angewendet.

Für die ersten im Staatl. Materialprüfungsamt durchgeführten Tastversuche wurden überschüssige, von den Versuchen herrührende Stücke von $25 \cdot 40 \text{ mm}^2$ Querschnitt und 15 cm Länge verwendet. Die Proben waren sauber bearbeitet und hatten ein ungefähres Schlankheitsverhältnis von $\lambda = 20$. Bei stufenweiser Steigerung der Last bis nahe zur Streckgrenze wurden mittels Huggenberger Tensometern die Formänderungen in verschiedenen Höhen an den vier Kanten der Proben gemessen. Hierbei zeigte sich, daß mindestens das mittlere Drittel der Proben gleichmäßige Formänderungen aufwies, also von den Störungskegeln unbeeinflußt blieb. Beim Erreichen der Quetschgrenze knickten diese Proben aus, und die Versuche wurden dann mit bearbeiteten zylindrischen Proben mit größeren Trägheitsradien fortgesetzt. Obgleich der hierfür neu beschaffte Werkstoff St 37 eine ungewöhnlich hohe obere und einen großen Unterschied zwischen oberer und unterer Streckgrenze aufwies, wurden die Vorversuche damit fortgesetzt, um die für die endgültigen Versuche zu wählenden Verhältnisse bestimmen zu können. Aus einer zur Verfügung stehenden Rundstahlstange wurden sechs der Länge nach nebeneinanderliegende Proben von 150 mm Länge entnommen und auf 46 mm Durchmesser sauber bearbeitet. Das Verhältnis von Länge zu Durchmesser ergab sich damit zu rd. 3,1, und das Schlankheitsverhältnis war rd. $\lambda = 13$. Aus Abb. 20 ist der Aufbau der Versuche zu erkennen. Die Stauchungen wurden bis zur Quetschgrenze gleichzeitig in zwei verschiedenen Höhen in vier Mantellinien, deren Radialebenen senkrecht zueinander lagen, auf einer Strecke von insgesamt 120 mm mit Huggenberger Tensometern ermittelt.

Abb. 20. Anordnung der Druckversuche im Staatlichen Materialprüfungsamt.

In der Mitte der Druckproben verliefen auch hierbei die Formänderungen gleichmäßig, so daß ein unbeeinflußter Meßbereich festgestellt werden konnte. Die Belastungen wurden dann bei einigen Proben weit über die Quetschgrenze hinaus gesteigert. Hierbei wurden zur Messung Spiegelapparate mit 30 mm Meßlänge verwendet. Bei 3100 kg/cm² Spannung traten bereits Stauchungen von $3,5 \div 4\%$ ein, ohne daß Knickerscheinungen wahrnehmbar waren. Im Bereich der plastischen Verformung wurden in gewissen Zeitabständen für jede Belastung mehrere Ablesungen gemacht, da die Verformungen in diesem Gebiet sehr stark von der Belastungsgeschwindigkeit abhängen. Die verwendeten Beobachtungswerte entsprechen Ablesungen, welche gemacht wurden, sobald der Werkstoff bei einer gewissen Belastungsstufe zur Ruhe gekommen war und kein Anwachsen der Stauchungen mehr festgestellt werden konnte.

Das wichtige Ergebnis dieser Vorversuche zeigte, daß sich bearbeitete zylindrische Druckkörper mit einem Schlankheitsverhältnis von rund $\lambda = 13$ für die Versuchsdurchführung geeignet erwiesen. Die Belastung konnte bei diesen Körpern weit über die am Zerreißstab festgestellte Bruchfestigkeit des Werkstoffes hinaus getrieben werden, ohne daß irgendwelche Knickerscheinungen zu beobachten waren. Im mittleren Teil blieben dabei die Probekörper zylindrisch, so daß die auf 30 mm Meßlänge ausgeführten Stauchungsmessungen als von der Endflächenreibung bzw. von dem Störungskegel vollständig unbeeinflußt angesprochen werden durften. Da der Meßbereich der Huggenberger Tensometer für die beim Erreichen der Quetschgrenze eintretenden Stauchungen nicht genügte, wurden an deren Stelle Martenssche Spiegelapparate und bei höheren Laststufen Zeigerapparate benutzt. Damit war das für verwertbare Druckversuche einzuschlagende Verfahren ermittelt.

IV. Die Ergebnisse der Versuche und ihre Auswertung.

1. Die Knickversuche.

A. Der Genauigkeitsgrad des gewählten Versuchsverfahrens nach typischen Beobachtungsergebnissen.

Neben der mehr oder weniger weitgehenden Übereinstimmung der Knicklasten gibt auch das Verhalten der Stäbe während des Versuchs und insbesondere der Verlauf der beobachteten Formänderungen einen guten Maßstab für die Genauigkeit der Versuche. Als besonders wichtige Wahrnehmung möge wiederholt die Tatsache angeführt werden[8]), daß die vom Straßenverkehr herrührenden Erschütterungen verschiedene in der, in etwa 20 m von der Straße entfernten Prüfmaschine, bis nahe an die Knicklast belasteten Stäbe plötzlich zum Ausknicken brachten.

In den Abb. 21÷23 sind für aufeinanderfolgende Schlankheitsgrade einer beschränkten Zahl beliebig ausgewählter Prüfstäbe sämtlicher untersuchten Stahlsorten die beobachteten und ausgemittelten Werte δ_m und teilweise auch die Werte $\frac{\delta_1 + \delta_2}{2}$, d. h. die Ausbiegungen der Stabmitten und der Viertelspunkte in Abhängigkeit von den Knickspannungen, aufgetragen. In Einzelfällen sind die Anfangswerte $\frac{\delta_1 + \delta_2}{2}$ größer als die δ_m-Werte, was auf unregelmäßige S-förmige Verbiegungen zurückzuführen ist. Der Verlauf der Mittenausbiegungen δ_m zeigt für die verschiedenen Laststufen bei den einzelnen Stäben ganz verschiedenartigen Zuwachs. Gemeinsam ist jedoch allen ausgemittelten Kurven für δ_m ein charakteristischer Übergang in einen angenäherten waagerechten Ast, bei welchem sich der Stabilitätswechsel vollzieht.

Wie es der Natur der Sache entspricht, vermindern sich die δ_m-Werte bis an das unelastische Bereich ungefähr in dem gleichen Verhältnis, wie die Schlankheiten abnehmen. Besonders deutlich bemerkbar ist dies für die δ_m-Werte kurz vor dem Beginn und während des Übergangs in den ungefähr waagerecht verlaufenden Ast. Den Größen dieser δ_m-Werte entsprechend dürfte das unelastische Knickbereich bei St 37 ungefähr zwischen $\lambda = 90÷80$, bei St 48 und bei St Si ungefähr zwischen $\lambda = 80÷70$ bestimmt erreicht sein. Nach der Theorie muß diese Grenze auch durch die Art des Stabilitätswechsels gekennzeichnet sein. Wie wir in Abschnitt II nachwiesen (vgl. auch Abb. 4), vollzieht sich dieser Übergang im elastischen Knickbereich allmählich und im unelastischen Knickbereich größtenteils in schärfer betonter Form. Auch diese sich aus den Gleichgewichtskurven ergebende Feststellung wird durch den Charakter der δ_m-Kurven in Abb. 21÷23 ausgezeichnet bestätigt. Sie verkörpern somit den Nachweis für die Genauigkeit der Versuchsdurchführung. Diese Genauigkeit darf man wohl für alle Prüfstäbe gleichmäßig annehmen. Somit erhalten wir durch die δ_m-Kurven weiterhin eine Bestätigung der Karmanschen Feststellung, daß Fehlerhebel im unelastischen Bereich die Knicklasten wesentlich stärker herabmindern als im elastischen Bereich, denn die gemessenen Ausbiegungen lassen erkennen, daß die Prüfstäbe mit mehr oder weniger großen Fehlerhebeln in gleichem Maße sowohl im unelastischen, als auch im elastischen Bereich behaftet waren. Wie auch die Abb. 26÷28 zeigen, ist aber das Maß der Streuungen im unelastischen Bereich allgemein wesentlich größer als im elastischen Bereich.

Durch die mehrfach wahrnehmbare, deutliche Umkehrung der Richtung des Biegepfeils δ_m, vielfach sogar fast unmittelbar vor dem Erreichen der Knickgrenze, ist im Sinne der Darlegungen von Abschnitt II, hinsichtlich der Lage der Ausbiegungslinie innerhalb der Grenzlagen ① und ② (Abb. 4) die Genauigkeit der Versuchsdurchführung ebenfalls bestätigt. Einen wesentlichen Erfolg der genauen Versuchsdurchführung sehen wir auch in der Tatsache, daß diese beobachteten Erscheinungen Zimmermann den Anlaß zur Auf-stellung seiner neuen erweiterten Knicktheorie gaben. Wie leicht einzusehen ist, kann sich diese Umkehr der Ausbiegung aber nur bei genauester Zentrierung der Stäbe einstellen, und wir gewinnen auch dadurch einen Maßstab für die Verwertbarkeit der erzielten Knicklasten.

Zu beachten sind noch die Größen der Durchbiegungen selbst. Die Auftragungen erfolgten in den Schaubildern Abb. 21÷23 in $^1/_{1000}$ mm. Soweit Messungen durchführbar waren, ergaben sich die größten Ausbiegungen im elastischen Bereich in allen Fällen geringer als $^1/_2$ mm und im unelastischen Bereich vielfach nur in Bruchteilen von $^1/_{10}$ mm. Auch darin findet die genaue Versuchsdurchführung ihre Bestätigung.

Umgekehrt boten die scharfen Untersuchungen Zimmermanns aus dem Jahre 1923[7]) den Anlaß, die Richtigkeit seiner Ergebnisse durch besondere Versuche mit gekrümmten Prüfstäben, welche von Anfang an mit bestimmten Fehlerhebeln eingebaut wurden, zu erhärten. Aus Tafel 4 sind die Schlankheitsverhältnisse der in diesem Sinne geprüften Stäbe, ihre Krümmungsverhältnisse und Güteeigenschaften ersichtlich. Das Ausrichten erfolgte in der Weise, daß die Fehlerhebel an beiden Stabenden fast gleich groß wurden; sie wurden aus den gemessenen Durchbiegungen errechnet, und bei der nun einsetzenden stufenweisen Belastung wurden die Stabausbiegungen beobachtet, damit die Eigentümlichkeiten der Formänderungen verfolgt werden konnten. Bei der Berechnung der Fehlerhebel ist in den in Abschnitt III, 1, C angegebenen Beziehungen noch die Anfangskrümmung zu berücksichtigen. Die betreffenden,

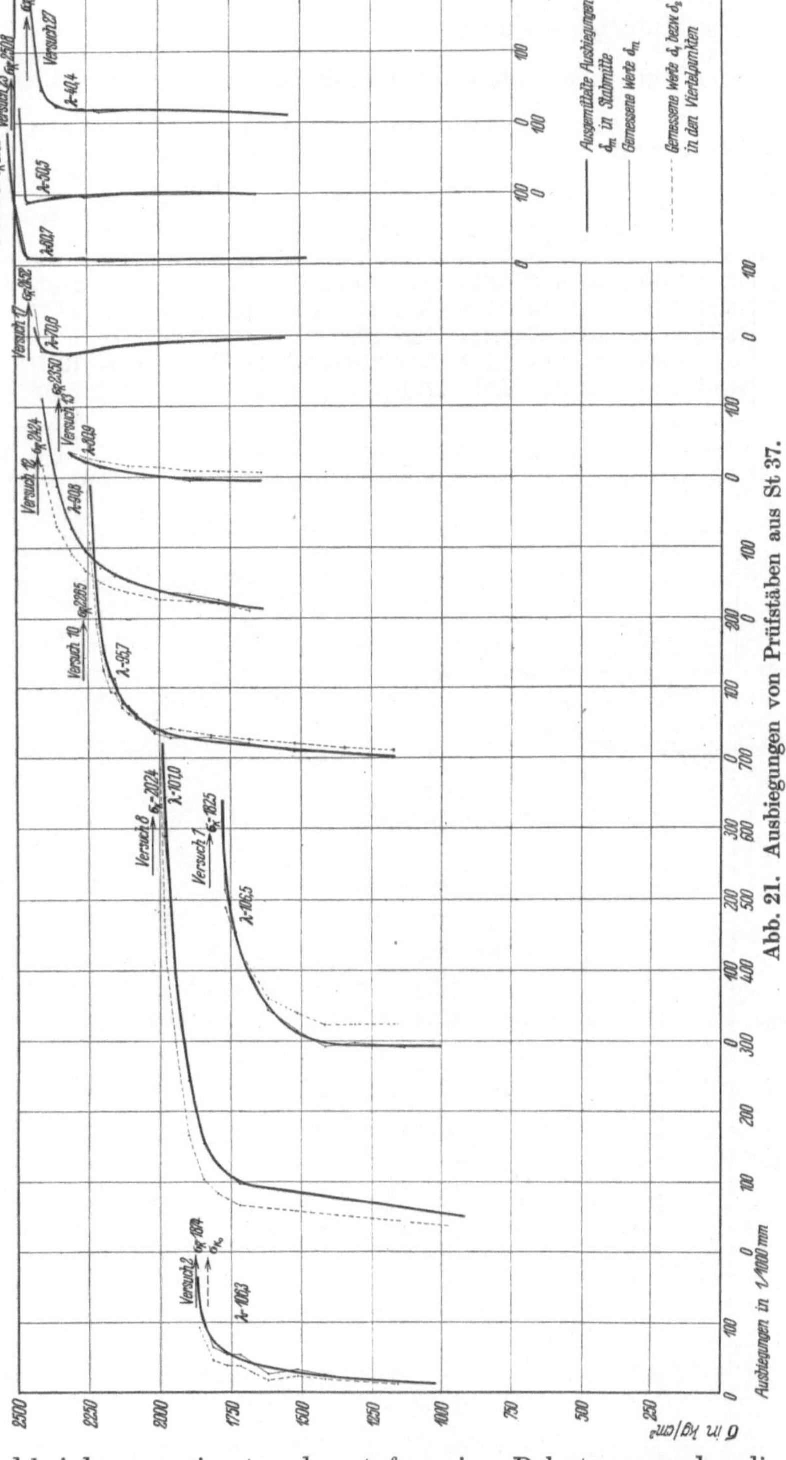

Abb. 21. Ausbiegungen von Prüfstäben aus St 37.

auf Grund der Zimmermannschen Abhandlung[17]) abgeleiteten Gleichungen lauten:

$$\mathfrak{f}_1 = g\,\delta_1 - k\,\delta_2 - c\,y_m,$$
$$\mathfrak{f}_2 = g\,\delta_2 - k\,\delta_1 - c\,y_m$$

und die Kontrollgleichung: $\qquad \dfrac{\mathfrak{f}_1 + \mathfrak{f}_2}{2} = m\,\delta_m - p\,y_m.$

c und p sind Konstanten, die von denselben Faktoren abhängen wie g, k und m.

Tafel 4. Zusammenstellung der Versuche mit Stäben mit Anfangskrümmung.

Ver-such	a	y_m	F	J	i	$\lambda = \dfrac{l}{i}$	E	σ_S	$\mathfrak{f}$	$\dfrac{\mathfrak{f}}{y_m}$	Euler-last K_0	Euler-spannung σ_{K_0}	Knick-last K	Knick-spannung σ_K	$\dfrac{K}{K_0}$	$\dfrac{y_m}{a}$
	cm	mm	cm²	cm⁴	cm		kg/cm²	kg/cm²	mm		t	kg/cm²	t	kg/cm²		
1	75,17	3,000	9,94	5,08	0,715	105,1	2 068 200	2598	2,358	0,786	18,32	1844	19,02	1913	1,038	0,0040
2	75,11	6,310	9,91	5,04	0,713	105,3	2 080 800	2546	4,954	0,786	18,35	1850	17,50	1766	0,954	0,0084
3	75,14	4,130	9,95	5,07	0,714	105,2	2 080 300	2517	3,245	0,786	18,45	1853	18,48	1857	1,002	0,0055
4	86,01	4,620	9,89	5,01	0,712	120,8	2 073 000	2488	3,62	0,784	13,87	1403	14,57	1473	1,051	0,0054
5	86,01	4,490	9,88	4,99	0,711	121,0	2 066 700	2454	3,53	0,786	13,76	1393	14,55	1472	1,057	0,0052

Wichtig für den Knickvorgang ist insbesondere der Fall, wo die Fehlerhebel $\mathfrak{f}_1$ und $\mathfrak{f}_2$ auf der gleichen Seite wie die ursprünglichen Stabkrümmungen liegen und demgemäß die

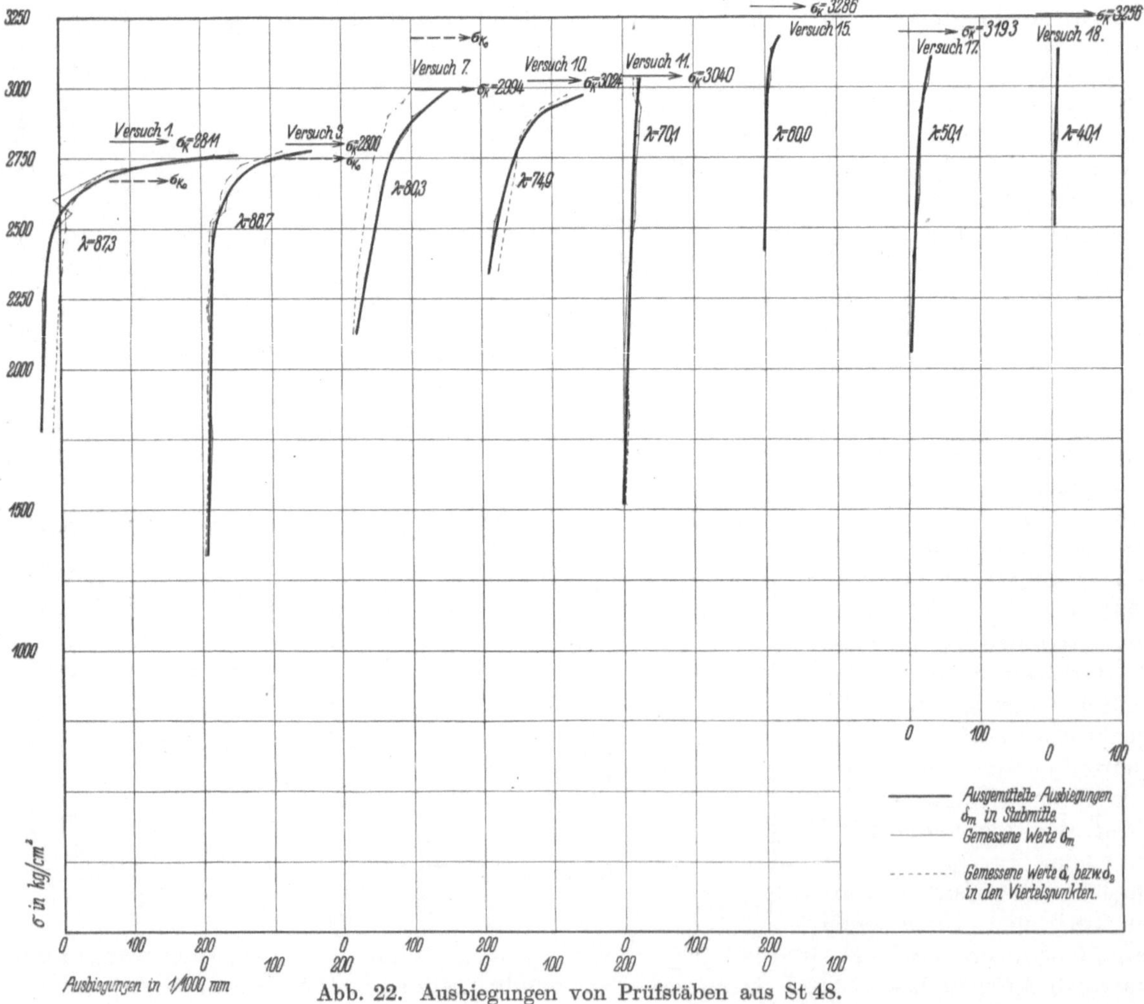

Abb. 22. Ausbiegungen von Prüfstäben aus St 48.

Ausbiegungen verringern. Im allgemeinen vollzieht sich dann der Knickvorgang in der Weise, daß der Stab zunächst infolge der Zusammendrückung eine im Sinne der Stabkrümmung zunehmende Ausbiegung zeigt. In dem Maße aber, wie mit der gleichzeitigen Wirkung der Fehlerhebel die Momente $S f$ in Wirksamkeit treten, nähern sich die Ausbiegungen in der

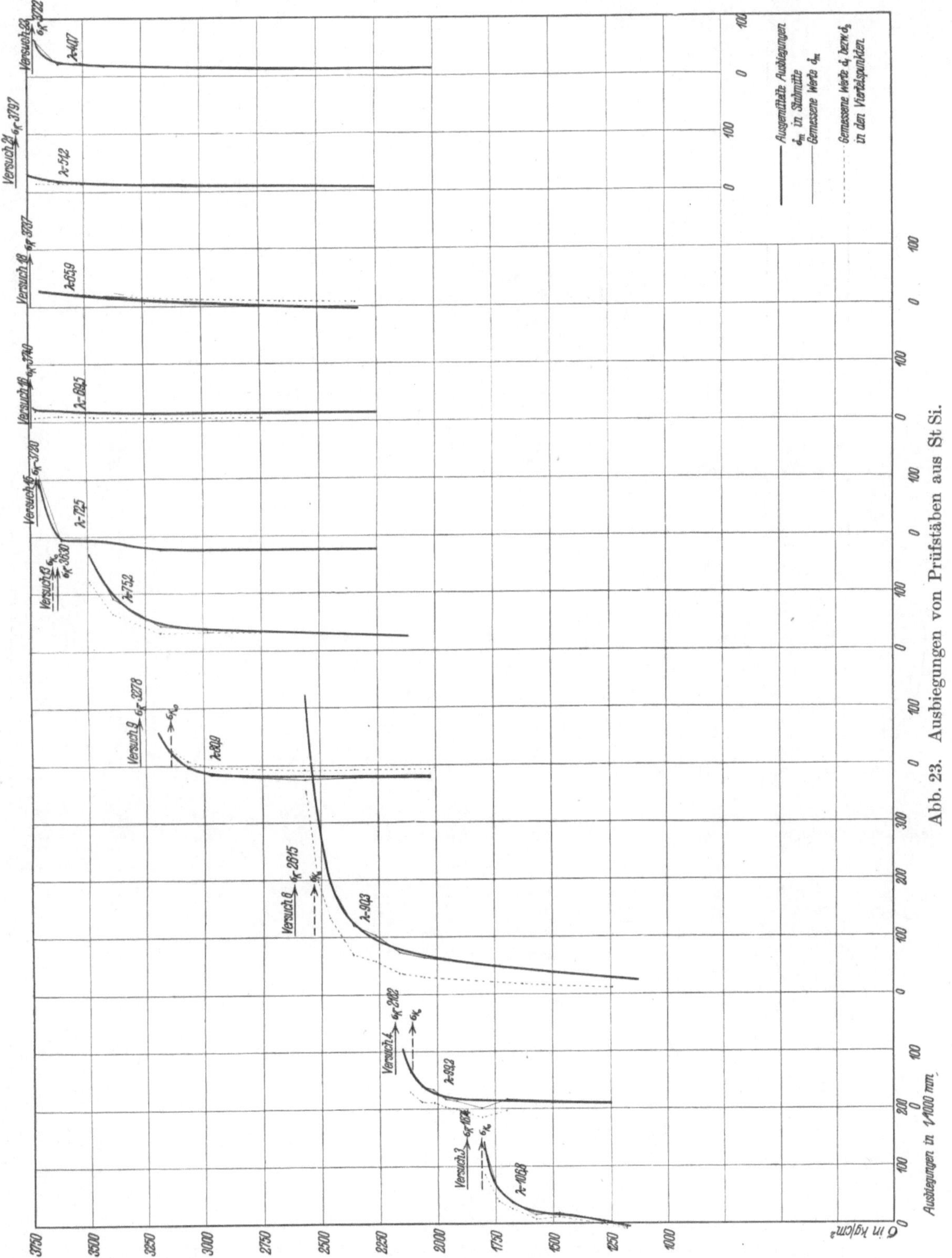

Abb. 23. Ausbiegungen von Prüfstäben aus St Si.

Stabmitte mehr und mehr der ursprünglichen Krümmung, um immer kleiner zu werden, bis schließlich das Ausknicken im entgegengesetzten Sinne eintritt. In Übereinstimmung

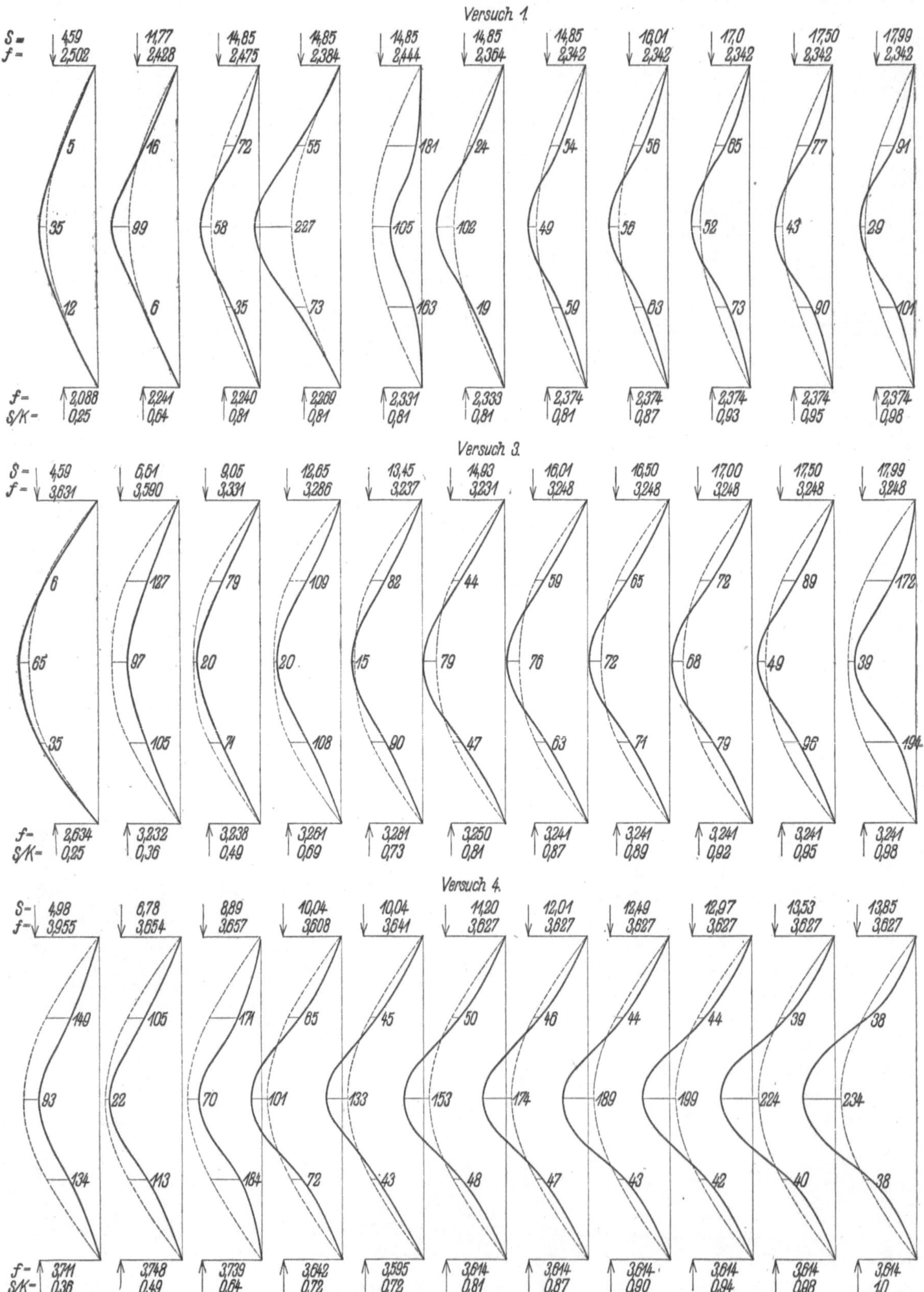

Abb. 24. Verlauf der Ausbiegungen bei Anfangskrümmungen.

mit der Theorie kann natürlich auch, wie Versuch 4 zeigt, das Ausknicken in Richtung der Anfangskrümmung erfolgen. Aufgabe des Versuches war es nun, die Fehlerhebel in der Weise zu regeln, daß dieses Verhalten klar in Erscheinung tritt. In Abb. 24 sind für drei Versuche die Verformungen der ursprünglichen Systemlinien für die einzelnen Belastungsstufen in zehnfacher Verzerrung graphisch aufgetragen. Zur Vervollständigung sind hierbei auch die während des Einrichtens gemachten Beobachtungen mit aufgetragen. Auch die Größe der Fehlerhebel ist dort angegeben. In Ermangelung näherer Angaben[29]) wurde die ursprüngliche Stabform als Sinushalbwelle mit dem Pfeil y_m der ursprünglichen Krümmung eingezeichnet. Das Verhalten in den aufeinanderfolgenden Stadien ist daraus ohne weiteres ersichtlich.

Die Auftragungen bestätigen auch die theoretischen Untersuchungen Zimmermanns, nach welchen die Ausbiegungen bis unmittelbar in die Nähe der kritischen Belastung verhältnismäßig klein bleiben, vorausgesetzt, daß die Grenzlage für das tatsächliche Knicken möglichst eingehalten ist. Beachtenswert ist, wie schon ganz geringfügige Änderungen in der Größe der Fehlerhebel, die nur wenige $^1/_{1000}$ mm betragen, den Verlauf des Versuchs und das Endergebnis beeinflussen können. Bei allen Versuchen erfolgte die schließliche Einrichtung der Fehlerhebel auf $\dfrac{f}{y_m} = 0{,}785$, welcher Verhältniswert nach Gleichung (1) der Fehlerhebelstellung zum Erreichen der Knicklast für die Sinushalbwelle entspricht

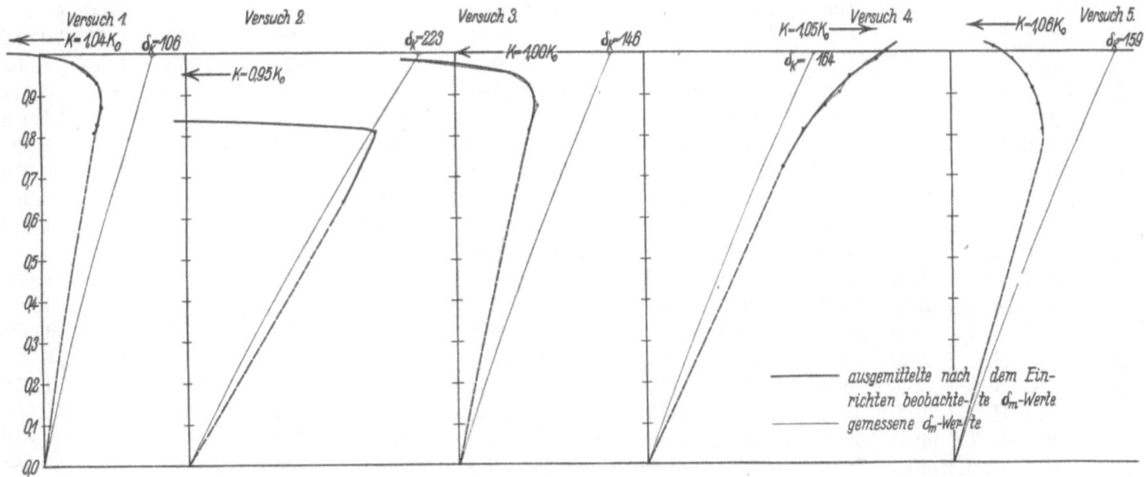

Abb. 25. Vergleich der Ausbiegungen δ_m mit der theoretischen Knicklinie.

(Abb. 4). Dabei vermochten schon ganz geringfügige Abweichungen das Ausknicken in der gleichen oder entgegengesetzten Richtung zu bewirken — alles ein Beweis für die Genauigkeit der Arbeit und der zutreffenden Berechnungsgrundlagen.

Aus den Auftragungen in Abb. 25 und aus Tafel 4 dürfte auch hervorgehen, daß die richtige Einstellung der dem Verhältnis $\dfrac{f}{y_m}$ entsprechenden Fehlerhebel um so weniger leicht gelingen wird, je stärker die Anfangskrümmung des Stabes ist. Der erreichte Stabilitätswechsel entspricht dann mit um so größerer Wahrscheinlichkeit einer gewissen Abweichung des durch f_1 und f_2 bestimmten Lastangriffs von der richtigen Lage, welche die Eulerlast ergeben würde. Wie dies bei Versuch 2 der Fall war, liegt demgemäß der Stabilitätswechsel auch tiefer. Hier war das ursprüngliche Krümmungsverhältnis etwa $\frac{1}{120}$ der freien Länge, wogegen es bei den übrigen Versuchen zwischen $\frac{1}{180} \div \frac{1}{250}$ schwankte. Aus Abb. 25 ist ersichtlich, daß das Einrichten der Prüfstäbe etwa bei rund $0{,}8\,K_0$ gelang. Die Fehlerhebel bewegen sich dabei zwischen $0{,}784 \div 0{,}786\,y_m$ (Tafel 4). Ein Vergleich mit den Zahlenwerten in den errechneten Gleichgewichtslinien der Abb. 4 zeigt ebenfalls eine schöne Übereinstimmung zwischen Theorie und Versuchsergebnissen.

---

[29]) Abweichend hiervon entspricht die bei Versuch 3 eingezeichnete ursprüngliche Stabform genauen Angaben des Staatl. Materialprüfungsamtes.

B. Die erzielten Knicklasten.

Aus den Tafeln 5, 6 und 7 sind sämtliche Angaben über die mit Prüfstäben aus St 37, St 48 und St Si durchgeführten Knickversuche und deren Ergebnisse zusammengestellt. Die Werte σ_S entsprechen jeweils den Spannungen an der oberen Streckgrenze. Die Werte σ_P entsprechen den Spannungen, bei welchen die Zunahme der Dehnung erkennbar größer wurde als die Zunahme der Spannung. Die erzielten Knicklasten sind in Knickspannungen

Tafel 5. Ergebnisse der Knickversuche mit St 37.

Versuch	Probe	$\lambda = \dfrac{l}{i}$	$E \cdot 10^{-3}$ kg/cm²	σ_P kg/cm²	σ_S kg/cm²	Knickspannung σ_K kg/cm²	Eulerspannung σ_{K_0} kg/cm²	$\dfrac{\sigma_K}{\sigma_{K_0}}$	$\dfrac{\sigma_K}{\sigma_S}$
1*	9. 1. F.	106,5	2100	1906	2844	1825	1827	0,999	
2	9. 4. M.	106,3	2091 und 2096	1730 und 2006	2547 und 2607	1874	1832 ⌉	1,023	
3	9. 4. H.	106,3	2079 „ 2105	1768 „ 2154	2572 „ 2585	1845	1839	1,003	
4	9. 4. O.	106,2	2096	2006	2607	1843	1831	1,007	
5*	9. 3. D.	105,8	2092	2056	2673	1850	1844	1,003	
6*	9. 1. D.	105,3	2098 und 2100	1906 und 1994	2761 und 2844	1895	1869	1,014	
7	6. 3. K. 1.	101,1	2093 „ 2096	1780 „ 1879	2427 „ 2476	2053	2022	1,015	
8	6. 3. H. 1.	101,0	2093 „ 2098	1879 „ 1888	2427 „ 2533	2024	2028	0,998	
9	3. 3. D. 2.	96,0	2078 „ 2113	1719 „ 1869	2430 „ 2501	2282	2243	1,017	
10	8. 1. F. 1.	95,7	2090 „ 2091	1885 „ 1888	2388 „ 2517	2265	2251	1,006	
11	10. 2. F. 1.	91,0	2034 „ 2099	1892 „ 1924	2408 „ 2581	2392	2463	0,971	0,959
12	8. 1. H. 2.	90,8	2086 „ 2090	1875 „ 1885	2388 „ 2438	2424	2500	0,970	1,005
13	10. 3. H. 1.	80,9	2093 „ 2107	1923 „ 1927	2484 „ 2505	2350			0,942
14	3. 3. F. 1.	80,8	2078 „ 2093	1869 „ 1890	2430 „ 2646	2574			1,014
15	6. 3. M.	80,8	2096 „ 2104	1780 „ 2221	2412 „ 2476	2422			0,991
16	10. 2. D. 1.	70,7	2099 „ 2158	1892 „ 1984	2408 „ 2447	2366			0,974
17	8. 1. K. 1.	70,6	2086 „ 2090	1875 „ 1965	2438 „ 2495	2452			0,994
18	6. 1. H. 2.	70,5	2087 „ 2093	1919 „ 2168	2478 „ 2543	2554			1,017
19	4. 0. B.	70,4	2125 „ 2133	1520 „ 1551	2556 „ 2693	2261			0,862
20	6. 1. F. 1.	60,7	2093 „ 2103	2040 „ 2168	2478 „ 2480	2565			1,035
21	6. 1. F. 2.	60,7	2093 „ 2103	2040 „ 2168	2478 „ 2480	2521			1,017
22	3. 3. F. 2.	50,5	2078 „ 2093	1869 „ 1890	2430 „ 2646	2578			1,016
23	6. 1. H. 1.	50,5	2087 „ 2093	1919 „ 2168	2478 „ 2543	2508			0,999
24	8. 1. K. 2.	50,5	2086 „ 2090	1875 „ 1965	2438 „ 2495	2512			1,018
25	8. 1. H. 1.	40,5	2086 „ 2090	1875 „ 1885	2388 „ 2438	2364			0,979
26	3. 3. D. 1.	40,4	2078 „ 2113	1719 „ 1869	2430 „ 2501	2679			1,087
27	10. 3. H. 2.	40,4	2093 „ 2107	1923 „ 1927	2484 „ 2505	2454			0,984
28**	10. 2. D. 2.	20,2	2099 „ 2158		2408 „ 2447	2443			1,006
29**	10. 1. F. 1.	20,0	2084 „ 2088		2350 „ 2512	2509			1,032
30**	10. 1. F. 2.	20,0	2084 „ 2088		2350 „ 2512	2478			1,019
31**	6. 3. D. 1.	20,0	2089 „ 2091		2455 „ 2653	2530			0,991
32**	6. 3. D. 2.	20,0	2089 „ 2091		2455 „ 2653	2539			0,994

Die Versuchsnummern entsprechen nicht der zeitlichen Reihenfolge.
* Die Prüfstäbe waren warm gerichtet (vgl. auch Tafel 3).
** Versuche mit dem Rahmenapparat (mit festgelegten Stabmitten).

umgerechnet in den Schaubildern 26÷28 eingetragen. Für die Errechnung der Knickspannungen wurden die Querschnitte der Prüfstäbe jeweils durch genaue Messungen festgestellt. In den Tafeln sind ferner die mit dem Rahmenapparat durchgeführten Versuche als solche besonders gekennzeichnet. Außerdem finden sich in Tafel 6 Angaben über die vor dem Versuch geglühten Prüfstäbe.

Wie zu erwarten war, ist bei sämtlichen untersuchten drei Baustählen im elastischen Knickbereich eine durchaus befriedigende Übereinstimmung mit der Eulerhyperbel (für $E = 2\,100\,000$ kg/cm²) erzielt. Dagegen streuen die Knickspannungen der drei Baustähle im unelastischen Knickbereich unter sich weitaus stärker. Sieht man von einzelnen ungewöhnlich hoch oder tief liegenden Ergebnissen ab, so dürfte das Maß der Streuungen bei St 48 etwas größer sein als bei den anderen Baustählen. Wie bereits in Abschnitt III, 1, A ausgeführt, sind diese größeren Streuungen damit zu erklären, daß die Prüfstäbe von drei verschiedenen Werken bezogen waren und größere Unterschiede in den Streckgrenzen aufwiesen.

Die erzielten Knicklasten lassen bei sämtlichen drei Baustoffen im unelastischen Bereich von $\lambda = 20 \div 30$ bis dicht an die Eulerhyperbel heran ungefähr einen geradlinigen waagerechten Verlauf der Knickspannungslinie erkennen, und sie zeigen damit ganz beträchtliche Abweichungen von der in Abb. 26 eingetragenen Tetmajergeraden. Bei St 37 und St Si gruppieren sich, abgesehen von je zwei Einzelergebnissen, die Knickspannungen oberhalb der ebenfalls eingezeichneten Knickspannungslinien der Deutschen Reichsbahn-Gesellschaft,

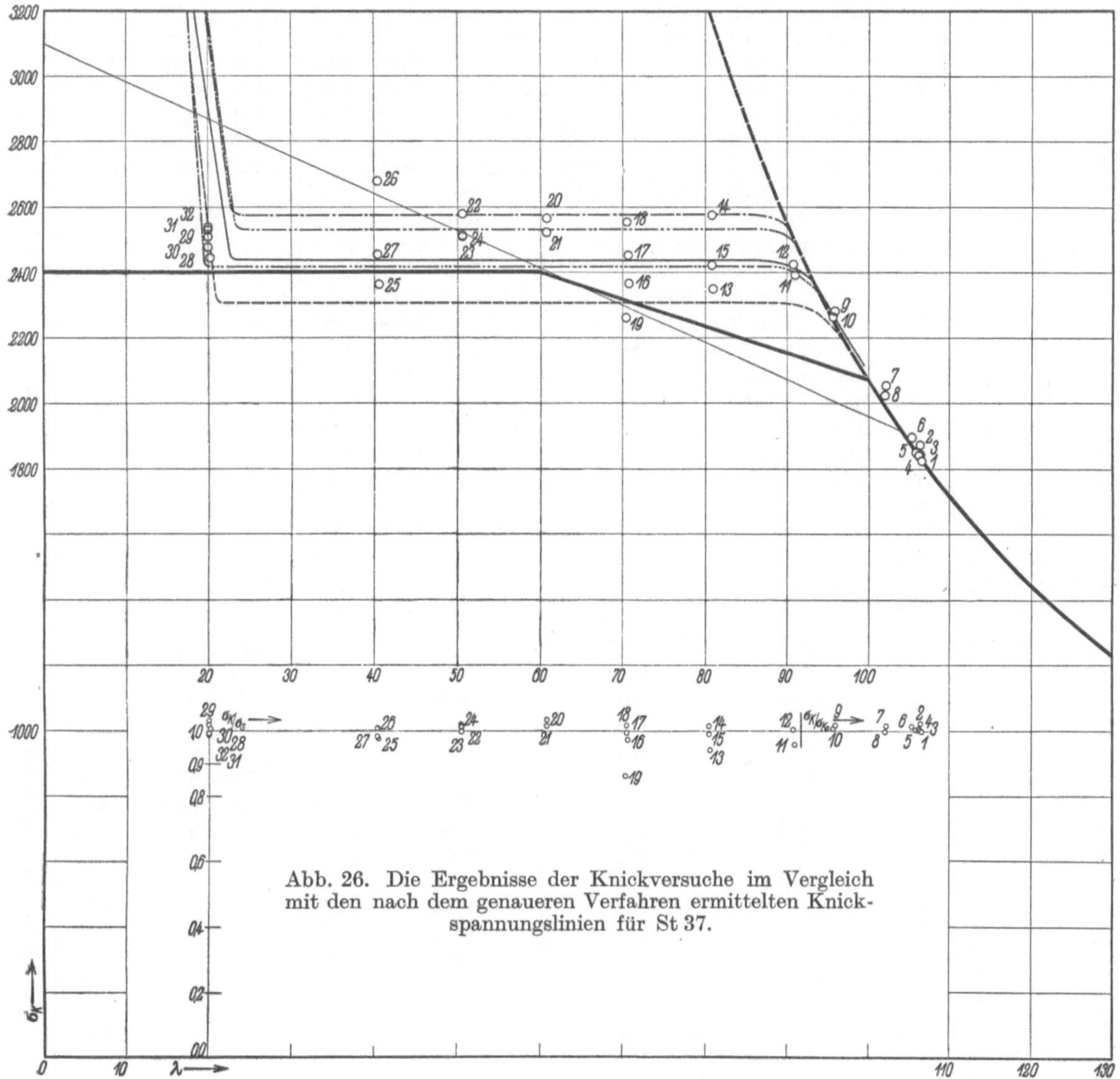

Abb. 26. Die Ergebnisse der Knickversuche im Vergleich mit den nach dem genaueren Verfahren ermittelten Knickspannungslinien für St 37.

während sie bei St 48 zum kleineren Teil darunter fallen. In den Schaubildern sind die Knickspannungen außerdem in Abhängigkeit von den Streckgrenzen und Eulerwerten als Quotienten $\frac{\sigma_K}{\sigma_S}$ bzw. $\frac{\sigma_K}{\sigma_{K_0}}$ aufgetragen. Zur Errechnung dieser Quotienten sind jeweils die aus den Proben gewonnenen mittleren oberen Streckgrenzen und mittleren E-Werte benutzt. Wie bereits früher in Abschnitt III, 1, A ausgeführt, waren diese Proben den Walzstäben jeweils an beiden Prüfstabenden oder an einem Prüfstabende entnommen. Hier verringern sich die Streuungen um den Wert 1,0 bei dem weitaus größten Teil der Knicklasten bei sämtlichen drei Baustählen in fühlbarem Maße. Zugleich erkennt man sehr deutlich die unmittelbare Abhängigkeit der Knicklasten von der Streckgrenze im unelastischen Bereich. Einzelne in größerem Ausmaße, insbesondere bei St 37 streuende Werte sind wohl dadurch zu erklären,

Tafel 6. Ergebnisse der Knickversuche mit St 48.

Versuch	Probe	$\lambda = \dfrac{l}{i}$	$E \cdot 10^{-3}$ kg/cm²	σ_P kg/cm²	σ_S kg/cm²	Knickspannung σ_K kg/cm²	Eulerspannung σ_{K_0} kg/cm²	$\dfrac{\sigma_K}{\sigma_{K_0}}$	$\dfrac{\sigma_K}{\sigma_S}$	Bemerkungen
1*	6. 6. 2.	87,3	2052 und 2075	1640 und 1903	2925 und 2997	2811	2672	1,052	—	
2*	6. 2. 1.	86,9	2077 „ 2088	2067 „ 2195	2979 „ 3136	2837	2721	1,043	—	
3	6. 8. 2.	86,7	2093	1265	3177	2800	2749	1,019	—	
4	6. 12. 2.	86,6	2081 und 2082	1573 und 2009	3198 und 3296	2793	2739	1,020	—	
5*	1. 6. 2.	86,6	2073 „ 2083	1592 „ 1759	2841 „ 2942	2876	2735	1,052	—	
6	1. 16. 2.	86,0	2090 „ 2097	1252 „ 1428	3130 „ 3331	2867	2793	1,026	—	
7*	6. 4. 1.	80,3	2075 „ 2077	1903 „ 2067	2979 „ 2997	2994	3177	0,942	1,002	
8	1. 14. 1.	79,4	2096 „ 2097	1419 „ 1428	3242 „ 3331	3155	3282	0,961	0,960	
9	6. 10. 2.	75,2	2081 „ 2093	1258 „ 1265	3177 „ 3296	3250	3642	0,892	1,004	
10*	1. 10. 1.	74,9	2077 „ 2080	1634 „ 2071	2967 „ 2990	3024	3656	0,827	1,015	Prüfstäbe geliefert von Riesa
11*	1. 8. 1.	70,1	2073 „ 2080	1592 „ 2071	2967	3040	—	—	1,025	
12	1. 12. 1.	69,8	2096	1261	3242	3173	—	—	0,979	
13*	1. 10. 12.	60,4	2077 und 2080	1634 und 2071	2967 und 2990	2879	—	—	0,966	
14*	1. 8. 2.	60,3	2073 „ 2080	1592 „ 2071	2967	2997	—	—	1,010	
15	6. 10. 1.	60,0	2081 „ 2093	1258 „ 1265	3177 und 3296	3286	—	—	1,015	
16*	6. 4. 2.	50,3	2075 „ 2076	1903 „ 2067	2979 „ 2997	3043	—	—	1,018	
17	1. 12. 2.	50,1	2096	1261	3242	3193	—	—	0,985	
18	6. 12. 1.	40,1	2081 und 2082	1258 und 2009	3198 und 3296	3256	—	—	1,003	
19	1. 16. 1.	40,0	2090 „ 2097	1252 „ 1428	3130 „ 3331	3260	—	—	1,009	
20**	10. N-O. 3.	30,0	2078 „ 2079	—	3072 „ 3100	3219	—	—	1,043	
21**	11. F-G. 2.	30,0	2079 „ 2090	—	3062 „ 3272	3148	—	—	0,994	
22**	3. N-O. 1.	29,8	2094 „ 2111	—	3165 „ 3198	3235	—	—	1,017	
23**	2. J-J. 2.	29,5	2084 „ 2106	—	3183 „ 3252	3315	—	—	1,030	
24**	3. N-O. 2.	20,1	2094 „ 2111	—	3165 „ 3198	3334	—	—	1,048	
25**	3. V-W. 3.	20,1	2091 „ 2095	—	3082 „ 3253	3208	—	—	1,013	
26**	10. N-O. 1.	20,1	2078 „ 2079	—	3072 „ 3100	3285	—	—	1,064	
27**	2. J-J. 1.	19,8	2084 „ 2106	—	3183 „ 3252	3334	—	—	1,036	
28	8. A. 1.	89,5	2062	1420	3116	2586	2541	1,018	—	
29	11. A. 1.	85,1	2081	1580	3252	2850	2836	1,005	—	
30	5. A. 1.	84,7	2073	1420	3069	2792	2852	0,979	—	
31	9. A. 1.	80,9	2078	1420	3087	2913	3134	0,929	0,944	
32	3. Q. 1.	79,5	2085	1590	3159	3077	3256	0,945	0,974	
33	7. Q. 1.	79,4	2091	1440	3311	3071	3273	0,938	0,928	
34	9. Q. 1.	75,6	2080	1430	3180	3073	3592	0,856	0,966	Prüfstäbe geliefert von G. H. H.
35	1. A. 1.	75,6	2059	1270	3100	3076	3555	0,865	0,992	
36	2. A. 2.	70,2	2070	1740	3181	2969	—	—	0,933	
37	7. A. 2.	70,1	2051	1590	3005	2997	—	—	0,997	
38	8. Q. 1.	69,2	2112	1430	3187	3121	—	—	0,979	
39	7. A. 1.	59,7	2051	1590	3005	3074	—	—	1,023	
40	4. Q. 1.	59,6	2088	1430	3301	3127	—	—	0,947	
41	10. Q. 2.	50,0	2077	1430	3148	3145	—	—	0,999	
42	4. A. 2.	49,8	2062	1580	3144	3040	—	—	0,967	
43	2. A. 1.	40,3	2070	1740	3181	2967	—	—	0,933	
44	8. Q. 2.	39,8	2112	1430	3187	3053	—	—	0,958	
45**	6. A.	39,3	2063	—	3081	3090	—	—	1,003	
46	10. S-T. 2.	101,5	2030 und 2048	1530 und 1564	3082 und 3137	2029	1953	1,039	—	
47	2. S-T. 1.	99,6	2040 „ 2052	1460 „ 1560	3142 „ 3281	2131	2035	1,047	—	
48	15. C-D. 2.	93,9	2040	1739	3143	2359	2283	1,033	—	
49	10. L-M. 2.	88,0	2057 und 2046	1616 und 1775	3227 und 3239	2688	2614	1,028	—	
50	15. S-T. 1.	86,9	2022 „ 2041	1449 „ 1600	3121 „ 3300	2743	2654	1,034	—	Prüfstäbe geliefert von Krupp
51	10. P-Q. 1.	85,0	2030	1564	3137	2817	2773	1,016	—	
52	10. J-J. 1.	84,0	2057	1775	3227	2923	2877	1,016	—	
53	12. P-Q. 1.	83,1	2042	1305	2943	3008	2918	1,031	—	
54	15. P-Q. 1.	83,0	2022	1600	3121	2915	2896·	1,007	—	
55	2. J-J. 2.	82,3	2040	1710	3136	3060	2973	1,029	—	
56	2. P-Q. 2.	81,2	2040	1560	3142	2985	3053	0,978	0,952	
57	12. S-T. 1.	80,1	2042 und 2046	1305 und 1427	2943 und 3101	3052	3144	0,971	1,010	

Die Versuchsnummern entsprechen nicht der zeitlichen Reihenfolge.

* Die Prüfstäbe waren geglüht.   ** Versuche mit dem Rahmenapparat (mit festgelegten Stabmitten).

Fortsetzung der Tafel 6 von S. 34.

Versuch	Probe	$\lambda = \dfrac{l}{i}$	$E \cdot 10^{-3}$ kg/cm²	σ_P kg/cm²	σ_S kg/cm²	Knickspannung σ_K kg/cm²	Eulerspannung σ_{K_0} kg/cm²	$\dfrac{\sigma_K}{\sigma_{K_0}}$	$\dfrac{\sigma_K}{\sigma_S}$	Bemerkungen
58	15. L-M. 2.	79,7	2036 und 2052	1409 und 1619	3305 und 3310	3145	3176	0,990	0,951	Prüfstäbe geliefert von Krupp
59	12. L-M. 1.	75,4	2050 ,, 2051	1605 ,, 1774	3187	3046	3560	0,856	0,956	
60	2. C-D. 1.	74,5	2034	1621	3161	3208	3617	0,887	1,015	
61	10. C-D. 2.	70,9	2041	1370	3025	2981	—	—	0,985	
62	12. C-D. 1.	70,4	2024	1596	3048	3058	—	—	1,003	
63	2. C-D. 2.	59,9	2034	1621	3161	3108	—	—	0,983	
64	12. S-T. 2.	59,6	2042 und 2046	1305 und 1427	3101	3143	—	—	1,014	
65	2. L-M. 1.	49,9	2040 ,, 2045	1556 ,, 1710	3136 und 3239	3267	—	—	1,025	
66	2. L-M. 2.	49,9	2040 ,, 2045	1556 ,, 1710	3136 ,, 3239	3061	—	—	0,960	
67	2. J-Y. 1.	40,0	2040	1710	3136	3098	—	—	0,988	
68	2. P-Q. 1.	40,0	2040	1560	3142	3084	—	—	0,982	

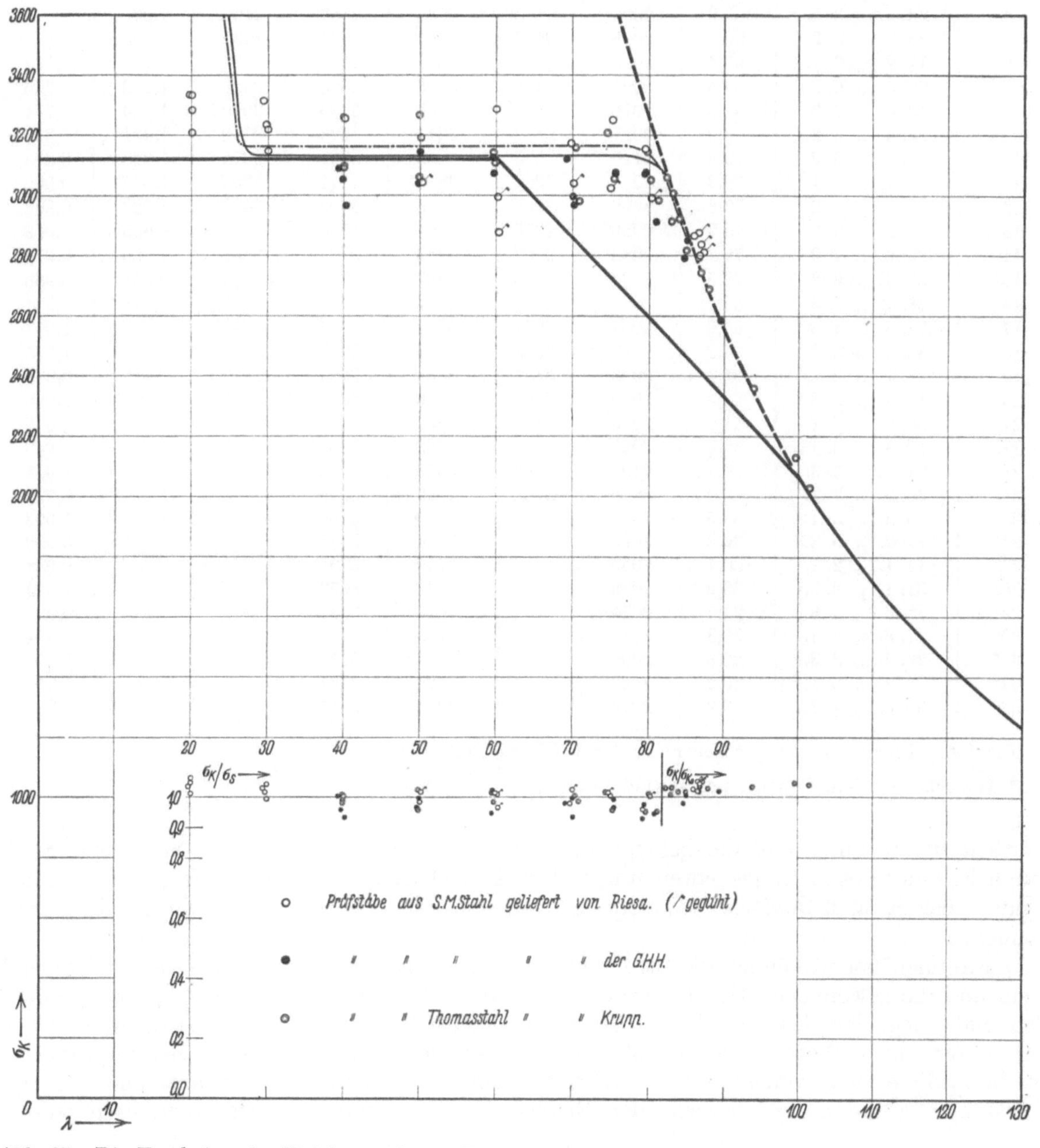

Abb. 27. Die Ergebnisse der Knickversuche im Vergleich mit den nach dem genaueren Verfahren ermittelten Knickspannungslinien für St 48.

daß die Güteeigenschaften in den maßgebenden Querschnitten der Prüfstäbe von den an den Proben bestimmten abweichen. Zu den stärkeren Streuungen nach unten ist noch zu bemerken, daß hierbei die Quotienten $\frac{\sigma_K}{\sigma_{Su}}$ möglicherweise bessere Übereinstimmungen ergeben hätten. Wie aus Abschnitt II hervorgeht, kommt dem Vergleich mit der unteren Streckgrenze bzw. Quetschgrenze ja auch größere Berechtigung zu.

Wiederholt sei noch darauf hingewiesen, daß das gleichmäßige Ausglühen der Prüfstäbe aus St 37 die Streuungen offenbar nicht herabzumindern vermochte. Andererseits ist

Tafel 7. Ergebnisse der Knickversuche mit St Si.

Versuch	Probe	$\lambda = \frac{l}{i}$	$E \cdot 10^{-3}$ kg/cm²	σ_P kg/cm²	σ_S kg/cm²	Knickspannung σ_K kg/cm²	Eulerspannung σ_{K_0} kg/cm²	$\frac{\sigma_K}{\sigma_{K_0}}$	$\frac{\sigma_K}{\sigma_S}$
1	22. 1. bis 2. 2.	120,5	2087	2847	3917	1470	1418	1,037	—
2	19. 4. „ 5. 1.	106,9	2110	2673	3852	1857	1823	1,019	—
3	17. 4. „ 5. 1.	106,8	2092	3297	4123	1874	1810	1,035	—
4	28. 2. „ 3. 1.	99,2	2098	3595	3783	2182	2106	1,036	—
5	28. 2. „ 3. 2.	96,5	2098	3595	3783	2281	2225	1,025	—
6	17. 2. „ 3. 1.	90,3	2093	3444	3938	2615	2531	1,041	0,664
7	29. 5. „ 6. 2.	85,5	2091	3282	3813	2888	2825	1,022	0,756
8	19. 6. „ 7. 3.	82,5	2076	2526	3884	3083	3010	1,024	0,794
9	22. 4. „ 5. 2.	80,9	2087	2847	3917	3278	3149	1,041	0,836
10	19. 5. „ 6. 2.	79,8	2110	2673	3852	3362	3272	1,028	0,873
11	31. 1. „ 2. 1.	79,3	2091	3282	3813	3441	3285	1,047	0,902
12	27. 4. „ 5. 2.	77,8	2098	2665	4045	3503	3422	1,024	0,866
13	27. 2. „ 3. 3.	75,2	2089	1876	3601	3630	3649	0,995	1,008
14	22. 6. „ 7. 2.	75,2	2085	2502	3753	3663	3642	1,006	0,976
15	28. 4. „ 5. 2.	72,5	2084	3118	3841	3720	3911	0,951	0,968
16	28. 4. „ 5. 3.	69,5	2084	3118	3841	3740	4258	0,878	0,974
17	22. 3. „ 4. 2.	66,0	2087	2847	3917	3982	—	—	1,017
18	33. 4. „ 5. 1.	65,9	2087	2501	3611	3737	—	—	1,035
19	28. 1. „ 2. 1.	61,1	2098	3595	3783	3688	—	—	0,975
20	15. 1. „ 2. 3.	60,3	2078	3300	3756	3701	—	—	0,985
21	28. 6. „ 7. 1.	51,2	2088	2825	3742	3797	—	—	1,015
22	19. 1. „ 2. 1.	50,5	2081	3294	3922	3706	—	—	0,945
23	24. 2. „ 3. 3.	40,7	2101	3286	3656	3722	—	—	1,018
24	35. 6. „ 7. 3.	40,0	2079	2661	3819	3559	—	—	0,932
25*	26. 2. „ 3. 1.	39,5	2090	—	3740	3769	—	—	1,008
26*	17. 2. „ 5. 3.	30,2	2093	—	3938	3698	—	—	0,939
27*	14. 1. „ 2. 1.	30,1	2086	—	3745	3701	—	—	0,988
28*	31. 1. „ 2. 3.	29,9	2089	—	3642	3653	—	—	1,003
29*	35. 3. „ 4. 3.	29,7	2074	—	3925	3687	—	—	0,939
30*	17. 6. „ 7. 1.	20,3	2081	—	3743	3719	—	—	0,994
31*	26. 2. „ 3. 3.	20,3	2090	—	3740	3776	—	—	1,010
32*	34. 4. „ 5. 1.	20,2	2089	—	3728	3587	—	—	0,962
33*	35. 3. „ 4. 1.	19,9	2074	—	3925	3747	—	—	0,955

Die Versuchsnummern entsprechen nicht der zeitlichen Reihenfolge.

* Versuche mit dem Rahmenapparat (mit festgelegten Stabmitten).

deutlich zu erkennen, daß die bei den nicht ausgeglühten Prüfstäben aus St 48 und St Si durch Feinmessungen festgestellten ungewöhnlich niedrigen Proportionalitätsgrenzen, insbesondere bei St Si, frühzeitige Abweichungen von den Eulerwerten kaum verursacht haben können.

Zusammenfassend können die Streuungen im unelastischen Bereich auch als befriedigend klein und die gewonnenen Knickspannungen als durchaus verwertbar angesprochen werden. Sehr nahe liegt der Gedanke, für die erzielten Knickspannungen des unelastischen Bereichs auf empirischem Wege nach der Methode der Fehlerausgleichung eine mittlere Knickspannungslinie zu gewinnen. Diese Knickspannungslinie dürfte bei den drei untersuchten Baustählen ausnahmslos oberhalb der Reichsbahnlinie verlaufen. Wir verzichten jedoch

darauf, diesem Gedanken näherzutreten und können dies um so eher, als die Knickspannungslinien der Reichsbahnvorschriften mit den Ergebnissen unserer Versuche ausreichende Übereinstimmung zeigen. Die Tatsache, daß die Mittelwerte der bei unseren Versuchen ge-

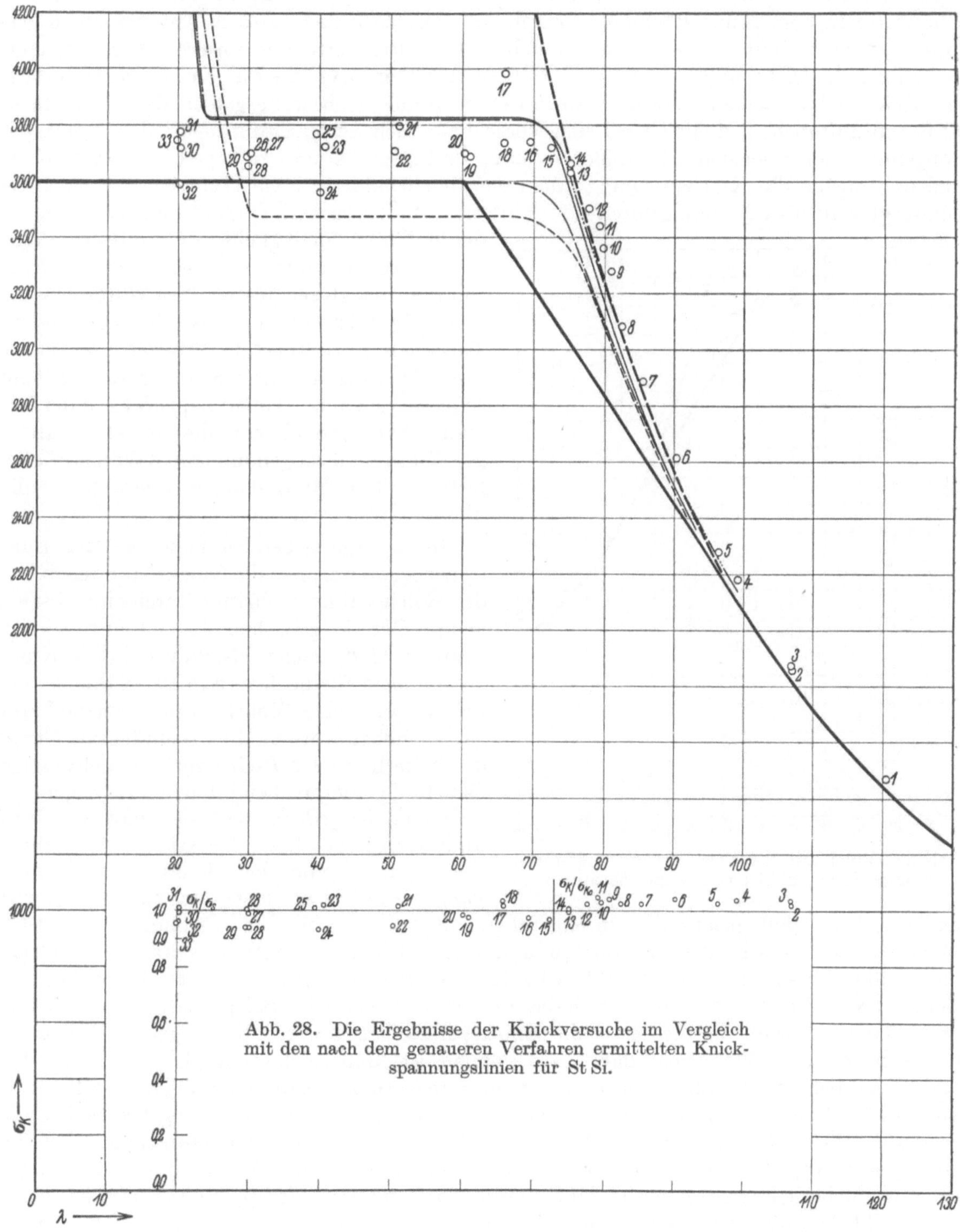

Abb. 28. Die Ergebnisse der Knickversuche im Vergleich
mit den nach dem genaueren Verfahren ermittelten Knickspannungslinien für St Si.

wonnenen Knickspannungen oberhalb der Reichsbahnlinien liegen, ist im wesentlichen auf
die Auswahl der Prüfstäbe zurückzuführen. Wie bereits früher erwähnt, war für diese Auswahl in erster Linie die an den Proben ermittelte Streckgrenze maßgebend. Insbesondere

wurden nach Möglichkeit nur solche Prüfstäbe ausgewählt, deren Streckgrenze mit den Gütevorschriften übereinstimmte oder höher lag. Aus den Tafeln 5÷7 ist auch zu ersehen, daß insbesondere bei den an den Proben ermittelten Streckgrenzen Unterschreitungen der Mittel-[30]) oder Mindestwerte der Vorschriften nur in geringer Zahl feststellbar sind. Ebensogut hätte man den bei praktischen Walzstäben immer sich einstellenden Streuungen der Gütewerte in dem Sinne Rechnung tragen können, daß man größere Abweichungen nach unten zuließ. Dann hätten sich zweifellos die Mittelwerte aus unseren Versuchen entsprechend niedriger und damit auch größere Annäherungen an die Knickspannungslinien der Reichsbahn ergeben. Würde man in diesem Sinne noch weitergehen, dann könnte der Einwand auftauchen, daß sich bei den Versuchen auch Unterschreitungen der Knickspannungslinien der Reichsbahn in größerem Maße und in größerem Umfange einstellen könnten, und daß mithin die Knickspannungslinien der Reichsbahn zu hohe Werte enthalten. Dieser Einwand wird aber hinfällig durch den Hinweis auf den Sicherheitsgrad, der ja neben anderen Unregelmäßigkeiten auch die möglichen Schwankungen der Güteeigenschaften, insbesondere die Abweichungen der Gütewerte von den Sollwerten mit zu erfassen hat. Bei anderen Bauteilen, z. B. Zugstäben, liegen die Verhältnisse ja ganz ähnlich, denn trotz der heute sehr weitgehenden Abnahmeprüfungen der Baustähle hat man niemals die Gewähr, daß die geprüften und abgenommenen Werkstoffe die festgestellten Mindestwerte auch tatsächlich überall aufweisen.

Im Übergangsbereich nahe bei der Eulerhyperbel, in welchem die Knickspannungen nach den Reichsbahnvorschriften durch eine abschrägende Gerade zwischen $\lambda = 60$ und $\lambda = 100$ begrenzt sind, zeigen allerdings unsere Knickspannungen für hochwertige Baustähle wesentlich höhere Werte. Mehrfach ist schon die Forderung erhoben worden, die abschrägende Gerade den höherliegenden P-Grenzen der hochwertigen Baustähle entsprechend flacher zu legen. Zu bedenken ist jedoch, daß sich hier das Formänderungsgesetz bzw. die Art der Abzweigung der σ-ε-Linie von der Hookeschen Geraden ganz besonders stark geltend macht. Teilweise

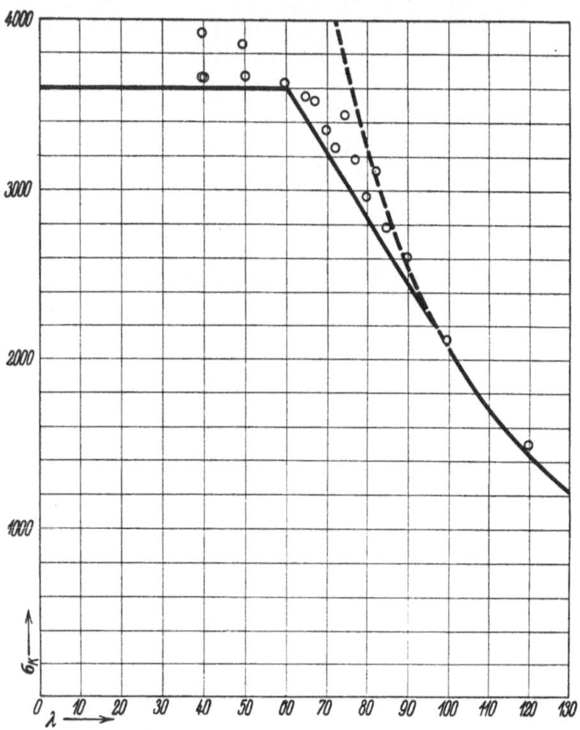

Abb. 29. Ergebnisse der Knickversuche mit Stäben (Charge S) aus St Si aus dem Bosshardtofen.

haben sich bei den gleichzeitig durchgeführten Knickversuchen mit Prüfstäben aus St Si, welche aus dem Bosshardtofen stammen, und über welche hier aus früher erwähnten, Gründen nicht näher berichtet wird, wie Abb. 29 zeigt, die erzielten Knicklasten der Reichsbahnvorschrift weitaus mehr genähert. Auch das in Abb. 42 behandelte Beispiel zeigt, wie stark ein abweichendes Formänderungsgesetz die Knickspannungen in dem Übergangsbereich herabzumindern vermag. Wenn auch damit zu rechnen ist, daß hochwertige Baustähle weichere und allmählichere Übergänge der σ-ε-Linie zur Streckgrenze aufweisen können, so scheint uns aber die nach den Reichsbahnvorschriften hier einsetzende starke Erhöhung des Sicherheitsgrades den Gesichtspunkten der Wirtschaftlichkeit nicht ganz zu entsprechen. Falls hier eine bessere Anpassung der Reichsbahnvorschriften an unsere Versuchsergebnisse durch Änderung des Sicherheitsgrades durchgeführt würde, dürften unsere Ergebnisse in ihrer Gesamtheit eine recht befriedigende Bestätigung der Knickspannungslinien der Reichsbahn erbracht haben.

---

[30]) Bei St 37 ist bekanntlich keine Mindeststreckgrenze vorgeschrieben, und man nimmt an, daß ein Mittelwert $\sigma_S = 2400$ kg/cm² eingehalten wird.

2. Die Druckversuche.

A. Entwicklung des Berechnungsverfahrens zur Ermittlung der Knickspannungslinien.

Ist das Formänderunsgesetz des Baustoffes durch Druckversuche ermittelt, so können die Knicklasten bzw. die Knickspannungslinien mit den aus der Druckdehnungslinie abgeleiteten Werten $E' = f'(\varepsilon)$ berechnet werden. Der Weg hierzu ist durch Gleichung (10*) gegeben. Die Berechnung erfolgt mit dem Karmanschen Knickmodul T_K, welcher sich aus der von Karman angegebenen Spannungsverteilung (Abb. 7) ergibt. Wir benutzen hierzu die Gleichungen (3) und (4) aus Abschnitt II. Gleichung (3) gestattet uns, für jedes E' die „neutrale Achse" n und damit auch die Trägheitsmomente J_a und J_i zu bestimmen. Zwecks Durchführung der Rechnung für eine gegebene Querschnittsform ist noch die Aufstellung einfacher Beziehungen erforderlich, um den Zusammenhang zwischen T_K und E' unmittelbar entnehmen zu können.

Mit den Bezeichnungen:

$$\left. \begin{aligned} \Sigma_n &= \Sigma_i - \Sigma_a\,, \\ J_n &= J_i + J_a \end{aligned} \right\} \tag{16}$$

für das statische bzw. Trägheitsmoment der ganzen Querschnittsfläche in bezug auf die „neutrale Achse" n erhält man nach entsprechender Vereinfachung aus den Gleichungen (3) und (4):

$$\left. \begin{aligned} \frac{E - E'}{E'} &= \beta = \frac{\Sigma_n}{\Sigma_a}\,, \\ T_K &= \frac{J_n}{J_s}\left(E' \cdot \frac{J_n - J_a}{J_n} + E \cdot \frac{J_a}{J_n}\right) = \frac{J_n}{J_s} \cdot E'\left(1 + \beta \cdot \frac{J_a}{J_n}\right). \end{aligned} \right\} \tag{17}$$

Führt man noch den von Bleich[20]) als „Knickzahl" bezeichneten Verhältniswert:

$$\tau = \frac{T_K}{E}$$

ein, dann ergeben sich die zur Berechnung der Knickspannungslinien verwendbaren Gleichungen in der Form:

$$\left. \begin{aligned} \sigma_K &= \frac{\pi^2 E}{\lambda^2} \cdot \tau\,, \\ \tau &= \frac{J_n}{J_s} \cdot \eta\left(1 + \beta \cdot \frac{J_a}{J_n}\right). \end{aligned} \right\} \tag{18}$$

Da wir auch den Einfluß des Querschnitts der Druckproben bzw. der Lage der σ_n-Linie zum Ausdruck bringen müssen, schreiben wir:

$$\sigma_K - \sigma'_K = \varDelta\sigma_K = \frac{\pi^2 E}{\lambda^2}\left(\tau - \frac{E'}{E}\right) = \frac{\pi^2 E}{\lambda^2}\,(\tau - \eta) = \frac{\pi^2 E}{\lambda^2} \cdot \varDelta\tau\,.$$

Durch Einführung der Korrekturgröße $\varDelta\tau$ erhalten wir für eine große Zahl von Belastungsfällen die für eine leichtere und genauere Berechnung geeignetere Gleichung:

$$\sigma_K = \sigma_K + \frac{\pi^2 E}{\lambda^2} \cdot \varDelta\tau = \frac{\pi^2 E}{\lambda^2}\,(\eta + \varDelta\tau) = \frac{\pi^2 E}{\lambda^2} \cdot \tau\,. \tag{19}$$

Wie in Abschnitt III, 2, C bereits ausgeführt, wurden für die Gewinnung unserer Druckdehnungslinien zylindrische Probekörper verwendet. Die vorstehend abgeleiteten Beziehungen auf den kreisförmigen Querschnitt angewendet, ergeben für die durch einen Zentriwinkel 2α bestimmte „neutrale Achse" n auf Grund der aus Abb. 30 folgenden Größen:

$$x = r\sin\varphi\,,$$
$$y = r\,(\cos\varphi - \cos\alpha)\,,$$
$$dy = -r\sin\varphi\,d\varphi\,,$$

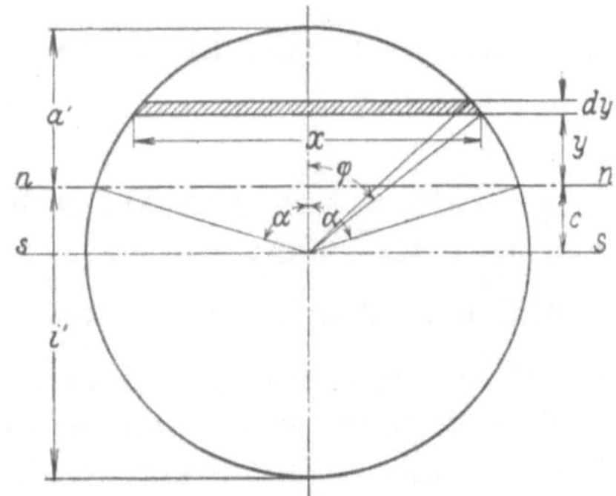

Abb. 30. Zur Bestimmung der Knickbeiwerte für kreisförmige Querschnitte.

nach entsprechender Auswertung:

a) die statischen Momente:

$$\Sigma_a = \int\limits_0^{a'} xy\,dy = r^3\left[\frac{1}{3}\sin\alpha\,(2+\cos^2\alpha) - \alpha\cos\alpha\right],$$

$$\Sigma_i = \int\limits_0^{i'} xy\,dy = r^3\left[\frac{1}{3}\sin\alpha\,(2+\cos^2\alpha) + (\pi-\alpha)\cos\alpha\right],$$

$$\Sigma_n = \Sigma_i - \Sigma_a = \pi r^3\cos\alpha\,.$$

Nach Gleichung (17) wird:

$$\beta = \frac{\Sigma_n}{\Sigma_a} = \frac{\pi}{\frac{1}{3}(2+\cos^2\alpha)\,\mathrm{tg}\,\alpha - \alpha} = \frac{E-E'}{E'}\,.$$

b) Die Trägheitsmomente:

$$J_a = \int\limits_0^{a'} xy^2\,dy = \frac{1}{2}\cdot r^4\left[\frac{1}{2}(1+4\cos^2\alpha)(\alpha-\sin\alpha\cos\alpha) - \frac{5}{3}\cos\alpha\sin^3\alpha\right],$$

$$J_i = \int\limits_0^{i'} xy^2\,dy = \frac{1}{2}\cdot r^4\left[\frac{1}{2}(1+4\cos^2\alpha)(\pi-\alpha+\sin\alpha\cos\alpha) + \frac{5}{3}\cos\alpha\sin^3\alpha\right],$$

$$J_n = J_i + J_a = \frac{1}{4}\cdot\pi r^4(1+4\cos^2\alpha)\,,$$

$$J_s = \frac{1}{4}\cdot\pi r^4\,,$$

$$\frac{J_n}{J_s} = 1 + 4\cos^2\alpha\,.$$

c) Die Knickwerte:

Mit den Bezeichnungen

$$\gamma = \alpha - \frac{1}{2}\sin 2\alpha - \frac{5}{3}\cdot\frac{\sin^2\alpha\,\sin 2\alpha}{1+4\cos^2\alpha}\,,$$

$$\beta_0 = \frac{1}{\pi}\cdot\beta = \frac{1}{\frac{1}{3}(2+\cos^2\alpha)\,\mathrm{tg}\,\alpha - \alpha}\,,$$

$$\mu_0 = 1 + 4\cos^2\alpha\,,$$

$$\mu_1 = 1 + \gamma\beta_0\,,$$

$$\mu = \mu_0\mu_1$$

erhält man weiter aus den Gleichungen (17):

$$\frac{E'}{E} = \eta = \frac{1}{1+\beta}\,, \tag{20}$$

$$T_K = \frac{J_n}{J_s}\left(1 + \beta\cdot\frac{J_a}{J_n}\right)E' = \mu_0(1+\gamma\beta_0)\,E' = \mu_0\mu_1 E' = \mu E' \tag{21}$$

und damit aus Gleichung (18):

$$\tau = \frac{E'}{E}\cdot\frac{J_n}{J_s}\left(1+\beta\cdot\frac{J_a}{J_n}\right) = \eta\mu\,. \tag{22}$$

In Tafel 8 sind für den halben Zentriwinkel α zwischen 45° und 89° die hiernach errechneten Knickbeiwerte zusammengestellt. Gleichzeitig sind in Abb. 31 die Knickbeiwerte τ, $\varDelta\tau$ und μ in Abhängigkeit von $\eta = \frac{E'}{E}$ für den Kreisquerschnitt als Schaulinien aufgetragen, so daß der Karmansche Knickmodul unmittelbar daraus berechnet werden kann. Vielfach wird es bequem sein, wenn man die der Querschnittsform entsprechenden Korrekturwerte $\varDelta\tau$ den Schaulinien entnimmt und damit nach Gleichung (19) die Knickzahl $\tau = \eta + \varDelta\tau$ berechnet. Man erhält dann zunächst den Karmanschen Modul:

$$T_K = E\tau\,.$$

Tafel 8. Berechnung der Knickbeiwerte für $\alpha = 45° \div 89°$.

α	μ_0	β_0	β	γ	η	μ_1	μ	τ	$\Delta\tau$
89	1,00122	0,02729	0,08573	1,4778	0,9210	1,0403	1,0416̄	0,9593	0,0383
88	1,00488	0,05693	0,17885	1,3854	0,8483	1,0787	1,0840	0,9195	0,0712
87	1,01100	0,08913	0,28001	1,2947	0,7812	1,1154	1,1277̄	0,8809	0,0995
86	1,01956	0,12413	0,38997	1,2050	0,7194	1,1496	1,1721	0,8432	0,1238
85	1,03040	0,16219	0,50953	1,1185	0,6618	1,1814	1,2173	0,8056	0,1438
84	1,04372	0,20251	0,63620	1,0346	0,6112	1,2095	1,2624̄	0,7716̄	0,1604̄
83	1,05940	0,24868	0,78125	0,9523	0,5615	1,2368	1,3103̄	0,7357	0,1742
82	1,07747	0,29778	0,9354	0,87523	0,5167	1,2606	1,3583	0,7018	0,1851
81	1,09790	0,35125	1,1035	0,80046	0,4754	1,2811	1,4068	0,6689	0,1935
80	1,12060	0,40957	1,2867	0,73190	0,4373	1,2998̄	1,4566̄	0,6370̄	0,1997̇
79	1,14564	0,47319	1,4866	0,66637	0,4022	1,3153	1,5069	0,6061̄	0,2039
78	1,17292	0,54264	1,7047	0,60529	0,3697	1,3285̄	1,5582	0,5761̄	0,2064
77	1,20240	0,61851	1,9431	0,54782	0,3398	1,3388	1,6098	0,5470	0,2072
76	1,23404	0,70144	2,2035	0,49476	0,3122	1,3470	1,6623̄	0,5190̄	0,2068̄
75	1,26796	0,79216	2,4886	0,44580	0,2866	1,3531	1,7157	0,4917	0,2051
74	1,30392	0,8915	2,8008	0,40070	0,2631	1,3572	1,7697	0,4656	0,2025
72	1,38198	1,1184	3,5136	0,32156	0,2215	1,3596	1,8789	0,4162̄	0,1947
70	1,46792	1,3946	4,3812	0,25590	0,1858	1,3569	1,9918	0,3701	0,1843
68	1,56132	1,7271	5,4260	0,20202	0,1556	1,3489	2,1061̄	0,3277	0,1721
66	1,66176	2,1309	6,6944	0,15831	0,1300	1,3373	2,2223̄	0,2889	0,1589
64	1,76868	2,6232	8,2414	0,12314	0,1082	1,3230	2,3400	0,2532	0,1450
60	2,00000	3,9708	12,4745	0,07291	0,0742	1,2895	2,5790	0,1914	0,1172
55	2,31596	6,7212	21,1151	0,03631	0,0452	1,2440	2,8811̄	0,1302	0,0850
50	2,65272	11,6315	36,5416	0,01715	0,0266	1,1995	3,1819	0,0846	0,0580
45	3,00000	20,8638	65,5454	0,00762	0,0150	1,1590	3,4770	0,0522	0,0372

Er ist nun noch um das durch die Gleichungen (14) in Abschnitt II gegebene Zusatzglied ΔT zu verbessern, damit auch der der Ordinate σ_K vorausgehende Teil der Druckdehnungslinie in ihrem Verlauf oberhalb der P-Grenze berücksichtigt wird. Die Berechnung ist

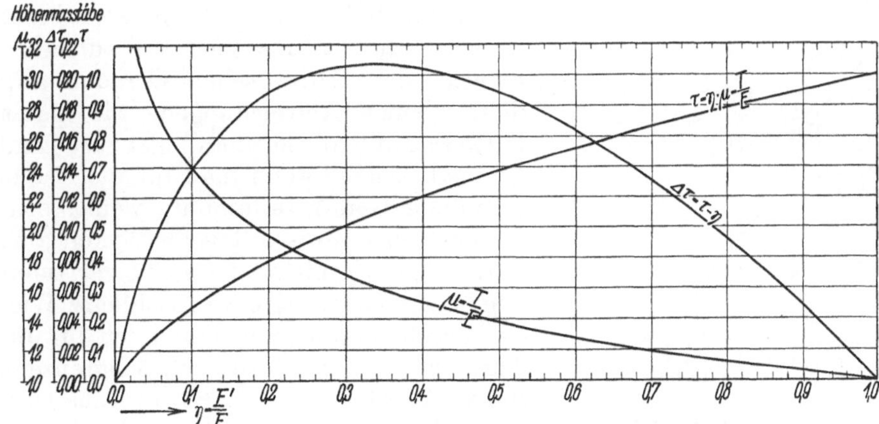

Abb. 31. Knickbeiwerte für kreisförmige Querschnitte in graphischer Darstellung.

in Abschnitt II angegeben und in dem folgenden Abschnitt IV, 2, C näher erläutert. Sind dann die verbesserten Werte:

$$T = T_K + \Delta T$$

bestimmt, dann ergeben sich mit Hilfe der Beziehung (10*):

$$\lambda = \pi \sqrt{\frac{T}{\sigma_K}}$$

in einfachster Weise die den jeweiligen σ_K-Werten entsprechenden Schlankheitsverhältnisse λ.

B. Ermittlung der Formänderungslinien.

Zur Ermittlung der Formänderungslinien der E'-Linie und der $\sigma\text{-}\varepsilon$-Linie benutzen wir die aus den Messungen unmittelbar erhaltenen mittleren Spannungswerte und Stauchungen. Die den jeweiligen Belastungsstufen $\Delta\sigma = \sigma_r - \sigma_{r-1}$ entsprechenden Differenzenquotienten:

$$\frac{\Delta\sigma}{\Delta\varepsilon} = \operatorname{tg}\alpha_K = \frac{\sigma_r - \sigma_{r-1}}{\varepsilon_r - \varepsilon_{r-1}}$$

ergeben einen gebrochenen Linienzug, innerhalb dessen der funktionale Zusammenhang:

$$\sigma = f(\varepsilon)$$

zu suchen ist. Trägt man die den Messungen entsprechenden Werte $E'_r = \dfrac{\sigma_r - \sigma_{r-1}}{\varepsilon_r - \varepsilon_{r-1}}$ zwischen den aufeinanderfolgenden Meßstellen $r-1,\ r,\ r+1\ldots$ auf, so erhält man einen stufenförmigen Linienzug, der im ganzen Meßbereich nirgends gleichmäßig abfällt und namentlich auch schon unterhalb der für den betreffenden Baustoff anzunehmenden Proportionalitätsgrenze unterschiedliche Sprünge aufweist. Diese Sprünge können sowohl von Beobachtungsfehlern als auch von der Unregelmäßigkeit des Baustoffgefüges herrühren. Sie können sich auch dadurch ergeben, daß es in der Versuchspraxis wohl nicht gut möglich ist, bei Belastungsstufen, welche im Verhältnis zur Belastung selbst sehr klein sind, diese so genau einzustellen, daß sich ein stetiger Linienzug ergibt. Die Aufgabe besteht nun darin, jene stetige Kurve für E' aus dem unregelmäßigen Stufenlinienzug herauszufinden, welcher sich so gut wie möglich an den nach den Messungen gefundenen Linienzug ausgleichend anschließt. Die Beobachtungen ergeben ferner ab und zu, wenn auch geringe, aber doch schon weit unterhalb der Elastizitätsgrenze eintretende bleibende Formänderungen und vereinzelt auch Abweichungen von der Hookeschen Geraden. Wollte man in diesen Fällen solche kleine Unregelmäßigkeiten in aller Strenge berücksichtigen, so würde die $\sigma\text{-}\varepsilon$-Linie sich nur auf eine ganz kurze Strecke der Hookeschen Geraden anpassen. Da diese kleinen Abweichungen, wie bereits erwähnt, teilweise auf Beobachtungsfehler zurückzuführen sind, tut man besser, wenn man für die E-Linie eine vermittelnde Gerade annimmt, wenigstens soweit die Sprünge eine gewisse Regelmäßigkeit aufweisen, und daran einen vermittelnden stetig verlaufenden Linienzug bis zur Quetschgrenze anschließt. Wie aus Abb. 32 hervorgeht, kann man dann auch für die elastischen Formänderungen bis zur Quetschgrenze einen geradlinigen Verlauf, also die Hookesche Gerade, annehmen. Die E'-Linie schließt sich dann tangential an die Waagerechte der E-Linie an. Zwischen Proportionalitäts- und Quetschgrenze verläuft die empirisch ermittelte $\sigma\text{-}\varepsilon$-Linie in Anpassung an die Beobachtungswerte in stetiger Krümmung ohne Wendepunkte. Zur genaueren Ermittlung der daraus abzuleitenden Kurve:

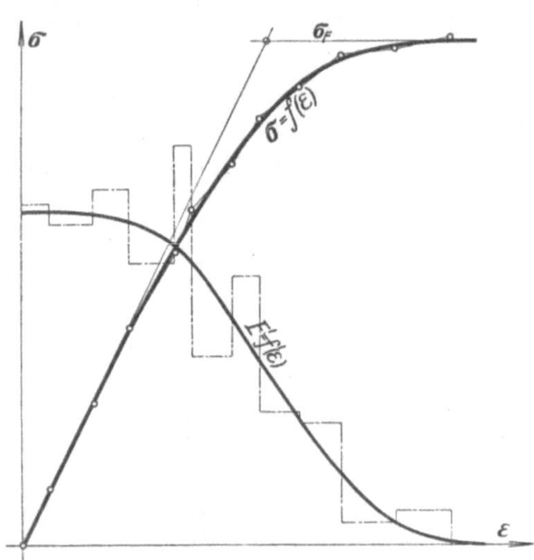

Abb. 32. Formänderungslinien unterhalb der Fließgrenze.

$$E' = f'(\varepsilon)$$

kommen die Methoden der graphischen Differentiation und Integration zur Anwendung. Da damit immer Ungenauigkeiten verbunden sind, bringen wir die jeweils ermittelten E'-Kurven mit der daraus wiederum rückwärts herzuleitenden Integralkurve $\sigma = f(\varepsilon) = \int E'\,d\varepsilon$ in Übereinstimmung und erhalten nach entsprechender Wiederholung schließlich zwei sich genau entsprechende Differential- und Integralkurven, welche in ihrem Verlauf eine gute Ausmittlung der Messungswerte verkörpern.

Dieses Verfahren stützt sich auf folgenden Satz der graphischen Integration: Liegt die Differentialkurve $E' = f'(\varepsilon)$ bereits vor, dann folgen die Unterschiede der Ordinaten der Integralkurve $\sigma = f(\varepsilon)$ innerhalb des Intervalls $\varepsilon_r - \varepsilon_{r-1}$ mit:

$$\sigma_r - \sigma_{r-1} = \int\limits_{r-1}^{r} f'(\varepsilon)\, d\varepsilon ,$$

d. h. der Höhenunterschied zweier beliebiger Punkte der σ-ε-Linie ist gegeben durch den Flächeninhalt der von diesen Ordinaten eingeschlossenen Fläche der E'-Linie. Diese in Abb. 33 schraffiert gezeichnete Fläche erscheint im allgemeinen als bogenförmig begrenztes Trapez und kann bestimmt werden durch die mittlere Ordinate σ_m, welche einem diesem „Kurventrapez" flächengleichen Rechteck entspricht (Abb. 34). Für zwei aufeinanderfolgende Abszissenwerte ε_{r-1} und ε_r im Abstand $\varDelta\varepsilon$ ergibt sich dann die Beziehung:

$$\frac{\sigma_r - \sigma_{r-1}}{\varDelta\varepsilon} = E'_m = \varphi\,(E'_{r-1} + E'_r). \qquad (23)$$

Daraus folgt:

$$\sigma_r = \sigma_{r-1} + \varDelta\varepsilon\,\varphi\,(E'_{r-1} + E'_r). \qquad (24)$$

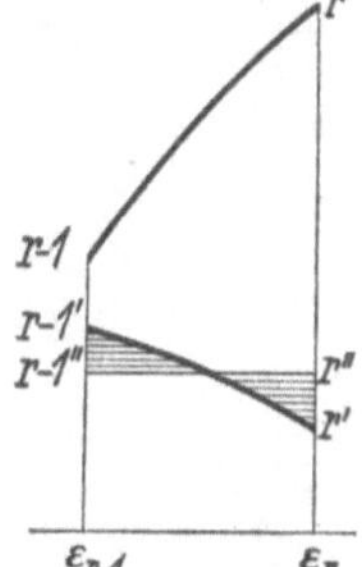

Abb. 34. Zur graphischen Integration.

Das Formänderungsintervall $\varDelta\varepsilon$ wird man mit $\varDelta\varepsilon = \varepsilon_r - \varepsilon_{r-1} = 0{,}01\%$ genügend klein annehmen, und wenn man das Elastizitätsmaß E in t/cm^2 einführt, wird $\varDelta\varepsilon = 0{,}1$. φ nimmt innerhalb dieses

Abb. 33. Ausmittlung der Formänderungslinien.

Abstandes den Wert 0,5 an. Bei stärkeren Krümmungen der E'-Linie wird φ etwas von diesem Wert verschieden, und man kann φ mit genügender Genauigkeit aus der Zeichnung entnehmen. Mit diesen Beziehungen ist es möglich, die beiden Kurven nach vorläufiger Einzeichnung in die durch die Beobachtungswerte gegebene vermutliche Lage nach einigen Wiederholungen einander anzupassen, und ihre endgültigen Werte zahlenmäßig festzulegen.

C. Anwendung auf die Ermittlung der Knickspannungslinien.

Im Staatl. Materialprüfungsamt wurden insgesamt 11 Druckversuche mit zylindrischen Proben aus St 37, St 48 und St Si durchgeführt, welche verwendbare Beobachtungsergebnisse lieferten. Die Abmessungen der hierzu verwendeten Proben und die jeweiligen bei den Versuchen ermittelten oberen und unteren Fließgrenzen sind in Tafel 9 zusammengestellt. Mit Rücksicht auf die auf 50 t beschränkte Tragfähigkeit des Umschlußapparates konnte die Probe 7 mit dem größeren Querschnitt nur etwa bis zu 3000 kg/cm² Spannung belastet

Tafel 9. Druckversuche mit zylindrischen Probekörpern.

Baustoff	St 37					St 48		St Si			
Versuch	1	2	3	4	5	6	7	8	9	10	11
Probe	7	9	10	15	17*	31	32	51	52	71	72
Durchmesser der Probe in mm	46,04	32,05	32,05	32,03	32,03	32,03	32,04	32,04	32,03	32,04	32,03
Länge der Probe in mm . .	150	104	104	104	103,9	103,8	103,9	103,9	103,6	103,8	103,8
σ_{F_o} kg/cm²	—	2572	2603	—	—	3227	3284	3969	3971	3783	3785
σ_{F_u} kg/cm²	2438	2529	2578	2308	2420	3165	3132	3832	3822	3597	3475

* Probe 17 war geglüht.

werden. Da das sorgfältige Verfahren des Staatl. Materialprüfungsamtes auch bei höheren Spannungen zuverlässige Messungsergebnisse versprach, und da uns gerade an der Gewinnung des oberen Astes der Druckdehnungslinie besonders gelegen war, wurden die Abmessungen der Proben für die weiteren Versuche 2÷11 entsprechend verringert. Unter Beibehaltung gleichen Schlankheitsverhältnisses durften auch bei diesen verringerten Probendurchmessern zuverlässige Ergebnisse erwartet werden.

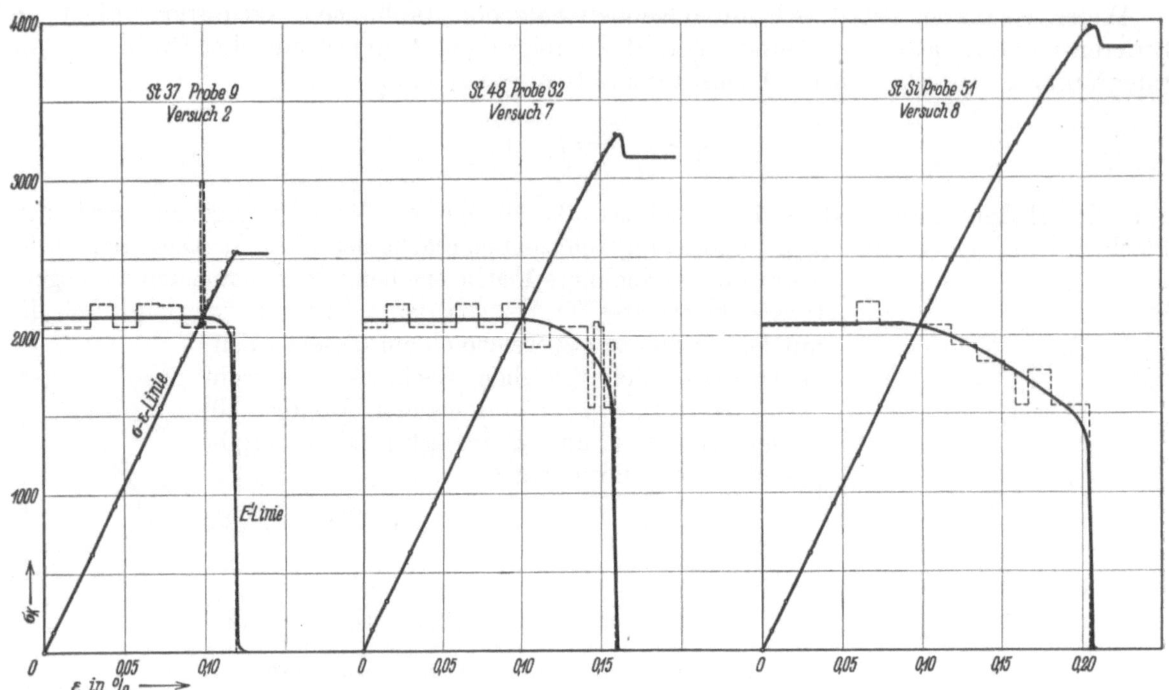

Abb. 35. Druckdehnungslinien unterhalb der Fließgrenze mit ausgemittelten E'-Linien.

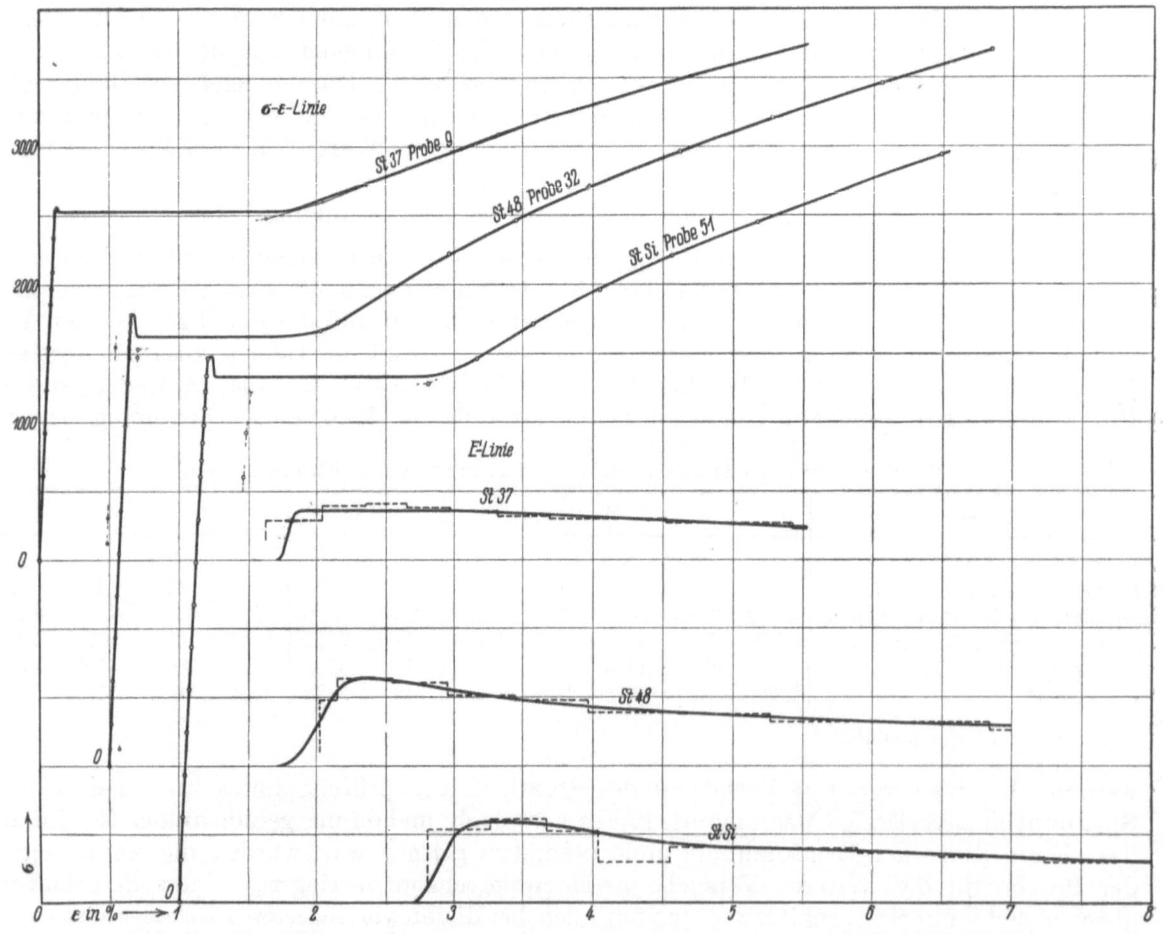

Abb. 36. Druckdehnungslinien oberhalb der Fließgrenzen mit ausgemittelten E'-Linien.

Die Ergebnisse der nach den Betrachtungen des vorhergehenden Abschnittes IV, 1, B erfolgten Bestimmung der σ-ε-Linien und der E'-Linien sind für die Versuche 2, 7 und 8 in den Abb. 35 und 36 aufgezeichnet. Die σ-ε-Linie entspricht hierbei der endgültig ausgemittelten Form. Zum Vergleich sind die beim Versuche gemessenen Werte in einem dünnen, gebrochenen Linienzug mit eingetragen. Aus praktischen Gründen, und auch den beiden verschiedenartigen Meßperioden entsprechend, wurden die Darstellungen in zwei durch die Quetschgrenze getrennte Abschnitte aufgeteilt. Der endgültigen Linie der E'-Moduli ist die stufenförmige Linie der sich aus den Beobachtungen zunächst ergebenden Werte E'_1 jeweils beigefügt. Einen vollständigen Berechnungsgang für die Probe 9, Versuch 2, lassen wir in Form einzelner Tafeln folgen.

Tafel 10. Druckversuch mit Probe 9.

Feinmessungen mit Spiegelapparaten — Meßlänge 30,2 mm; Stauchung in % 10^{-3}

Spannung kg/cm²	Meßstelle 1	Meßstelle 2	Mittel 1—2	Meßstelle 3	Meßstelle 4	Mittel 3—4	Gesamtmittel
124	—	—	—	—	—	—	—
310	9	9	9	9	9	9	9
620	24	22	23	24	23	24	24
930	39	38	38	38	37	38	38
1240	54	52	53	53	50	52	53
1550	68	66	67	68	65	67	67
310	10	9	10	8	7	8	9
124	0	0	0	—1	—1	—1	0
310	9	9	9	8	7	8	9
1550	69	66	68	68	65	67	68
1859	83	81	82	82	79	81	82
1983	89	86	88	88	85	87	88
2107	96	92	94	93	91	93	94
2169	99	95	97	95	94	95	96
2231	102	97	100	98	97	98	99
2293	105	100	103	102	100	101	102
2355	108	103	106	104	103	104	105
2417	111	107	109	107	106	107	108
310	11	9	10	6	9	8	9
124	1	0	1	—3	0	—2	0
310	11	8	10	6	9	8	9
2417	110	106	108	107	106	107	108
2479	113	110	112	111	108	110	111
2541	116	113	115	115	110	113	114
2572*	—	—	—	—	—	—	—
2529	—	5..	—	62	11..	58.	—
310	8.	701	39.	5	121.	60.	50.
124	7.	692	38.	—36	120.	58.	48.

Messungen mit Zeigerapparaten — Übersetzung $\sim 1:30$; Stauchung in % 10^{-3}

Spannung kg/cm²	Meßstelle 1	Meßstelle 2	Mittel 1—2	Meßstelle 3	Meßstelle 4	Mittel 3—4	Gesamtmittel
124	0,08	0,69	0,39	—0,04	1,20	0,58	0,49
310	0,08	0,69	0,39	—0,03	1,20	0,59	0,49
1550	0,13	0,76	0,45	0,02	1,26	0,64	0,55
2169	0,16	0,77	0,47	0,07	1,28	0,68	0,58
2417	0,65	1,76	1,21	0,20	2,19	1,20	1,21
2479	1,28	2,01	1,65	0,70	2,43	1,61	1,63
2603	1,88	2,19	2,04	1,53	2,56	2,05	2,05
2727	2,29	2,36	2,33	2,15	2,60	2,38	2,36
2851	2,62	2,61	2,62	2,66	2,79	2,69	2,66
2975	2,95	2,92	2,94	3,05	2,96	3,01	2,98
3099	3,30	3,25	3,28	3,41	3,31	3,36	3,32
3223	3,69	3,61	3,65	3,81	3,66	3,74	3,70
3471	4,56	4,44	4,50	4,60	4,48	4,54	4,52
3719	5,47	5,37	5,42	5,47	5,41	5,44	5,43
3967	6,54	6,36	6,45	6,46	6,52	6,49	6,47
4215	7,76	7,44	7,60	7,54	7,74	7,64	7,62
4463	9,15	8,70	8,93	8,68	9,16	8,92	8,93
4711	10,66	10,01	10,34	9,85	10,75	10,30	10,32
4835**	11,56	10,73	11,15	10,50	11,75	11,13	11,14
310	11,35	10,54	10,95	10,29	11,56	10,93	10,94
124	11,33	10,53	10,93	10,27	11,56	10,92	10,93

* Plötzlicher Abfall der Waage.

** Der Versuch wurde hier abgebrochen, als die Probe anfing, krumm zu werden und der Stempel im Umschlußkörper klemmte.

In Tafel 10 sind zunächst die beobachteten Stauchungen für die einzelnen Spannungsstufen zusammengestellt. Die Durchmesser der nach den Höchstbelastungen verformten Proben wurden jeweils in verschiedenen Höhenlagen genau gemessen, um nachprüfen zu können, ob innerhalb des Bereiches für die Stauchungsmessungen die zylindrische Form in ausreichendem Maße erhalten blieb. Bei größeren Unterschieden wurden die Messungsergebnisse der betreffenden Proben nicht verwendet. In Abb. 37 ist die Endverformung der Probe 9 in verzerrtem Maßstabe dargestellt. Kleine Unterschiede im Ausmaße von etwa 0,2 mm von dem mittleren Enddurchmesser haben sich auch innerhalb des Meßbereichs, namentlich bei den Proben aus St 37, mehrfach herausgestellt. Bei Probe 9 zeigen sich, wie verschiedentlich auch bei den anderen Proben aus St 37, ferner deutliche Unterschiede zwischen einzelnen in gleicher Höhenlage gemessenen Durchmessern. Diese Unregelmäßigkeiten der Verformung sind wahrscheinlich auf ungleiche Beschaffenheit der Proben zurückzuführen. Bemerkenswert ist, daß die Unregelmäßigkeit der Verformungen und auch die Unterschiede zwischen den einzelnen Durchmessern des Meßbereichs für die Stauchungen bei den Proben aus St 48 und St Si weit geringer waren als bei St 37. Da Gefügeunterschiede, wie wir bereits früher dargelegt haben, in unmittelbarer Nachbarschaft unvermeidbar sind, müssen diese Unregelmäßigkeiten der Verformung wohl oder übel in Kauf genommen werden. Wie das Beispiel der Probe 17 zeigte, läßt sich ihr Einfluß auch durch Ausglühen nicht beseitigen. Infolgedessen wird das Berechnungsverfahren immer mit kleinen Unsicherheiten behaftet sein. Außerdem läßt sich daraus folgern, daß bei der Durchführung solcher Versuche durch ein Höchstmaß von Gewissenhaftigkeit und Genauigkeit die Entstehung anderer Fehler soweit wie möglich ausgeschaltet werden muß.

Die Tafel 11 enthält die aus den Beobachtungsergebnissen der Tafel 10 zunächst gewonnenen Werte

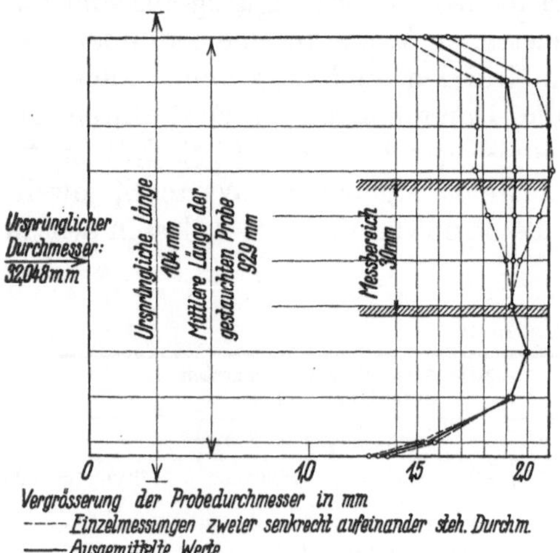

Abb. 37. Abmessungen der Probe 9 nach dem Druckversuch.

Tafel 11. Erste Auswertung des Druckversuchs mit Probe 9.

σ	$\Delta\sigma$	ε	$\Delta\varepsilon$	$E'_1 = \dfrac{\Delta\sigma}{\Delta\varepsilon}$	ε_0
0		—			—
	124		0,00000	—	
124		0,00000			0,00006
	186		0,00009	2067000	
310		0,00009			0,00015
	310		0,00015	2067000	
620		0,00024			0,00030
	310		0,00014	2214000	
930		0,00038			0,00044
	310		0,00015	2067000	
1240		0,00053			0,00059
	310		0,00014	2214000	
1550		0,00067			0,00073
	—		—	—	
1550		0,00068			0,00073
	309		0,00014	2207000	
1859		0,00082			0,00087
	124		0,00006	2067000	
1983		0,00088			0,00093
	124		0,00006	2067000	
2107		0,00094			0,00099
	62		0,00002	3100000	
2169		0,00096			0,00101
	62		0,00003	2067000	
2231		0,00099			0,00104
	62		0,00003	2067000	
2293		0,00102			0,00107
	62		0,00003	2067000	
2355		0,00105			0,00110
	62		0,00003	2067000	
2417		0,00108			0,00113
	62		0,00003	2067000	
2479		0,00111			0,00116
	62		0,00003	2067000	
2541		0,00114			0,00119
	31		—	—	
2572		0,00113			—

σ	$\Delta\sigma$	ε	$\Delta\varepsilon$	$E'_1 = \dfrac{\Delta\sigma}{\Delta\varepsilon}$
124		0,0049		
	186		0,0000	—
310		0,0049		
	1240		0,0006	2067000
1550		0,0055		
	619		0,0003	2063000
2169		0,0058		
	248		0,0063	39400
2417		0,0121		
	62		0,0042	14800
2479		0,0163		
	124		0,0042	29500
2603		0,0205		
	124		0,0031	40000
2727		0,0236		
	124		0,0030	41300
2851		0,0266		
	124		0,0032	38700
2975		0,0298		
	124		0,0034	36400
3099		0,0332		
	124		0,0038	32600
3223		0,0370		
	248		0,0082	30200
3471		0,0452		
	248		0,0091	27300
3719		0,0543		
	248		0,0104	23800
3967		0,0647		
	248		0,0115	21600
4215		0,0762		
	248		0,0131	18900
4463		0,0893		
	248		0,0139	17900
4711		0,1032		
	124		0,0082	15100
4835		0,1114	—	—

σ, $\Delta\sigma$, $\Delta\varepsilon$ und $E'_1 = \dfrac{\Delta\sigma}{\Delta\varepsilon}$. Diese entsprechen mithin den tatsächlichen Messungsergebnissen, und sie wurden als die im vorausgegangenen Abschnitt erwähnten stufenförmigen Linien eingezeichnet. Den zeitlich voneinander getrennten Beobachtungsvorgängen entsprechend ist die Tafel 11 aus zwei Teilen zusammengesetzt.

Da auch bei Feinmessungen bei den ersten Laststufen Stauchungen nicht wahrnehmbar sind, fällt der nach den Beobachtungen aufgezeichnete σ-ε-Linienzug zunächst nicht mit dem Koordinatenanfang zusammen und muß parallel nach dem Koordinatenanfang verschoben werden. Die damit erfolgte Korrektur der Beobachtung ist in Tafel 11 als Stauchungswert ε_0 beigefügt. Nach diesen Korrekturwerten erfolgt nun weiter eine erste gefühlsmäßige Ausmittlung der stufenförmigen E'_1-Linie, und man erhält eine verbesserte E'_2-Linie. Die dieser Ausmittlung entsprechende Integralkurve ergibt der σ-ε-Linie in erster Annäherung. Das Verfahren wird dann so lange wiederholt, bis eine ausreichende Übereinstimmung der σ-ε-Linie mit der E'-Linie erreicht ist. I. d. R. genügt eine einfache Wiederholung des Rechnungsganges. Für den wiederaufsteigenden Ast der σ-ε-Linie oberhalb der Quetschgrenze

Tafel 12. Berechnung der Knickspannungslinien für Probe 9.

ε_r	σ_r	$\Delta\sigma_r$	E'_r	E'_m	η	$\Delta\tau$	τ	$T_r(T_K)$	$T_r - T_{r+1}$	$\varepsilon_r(T_r - T_{r+1})$	$\sum_{1}^{n-1}\varepsilon_r(T_r - T_{r+1})$	ΔT	T	λ_K	λ
0,0000	0														
0,0001	213														
0,0002	426														
0,0003	639														
0,0004	852														
0,0005	1065	213	2130		1										
0,0006	1278														
0,0007	1491														
0,0008	1704														
0,0009	1917														
0,0010	2130						1,000	2130	~0,1	0,0001			2130		
		106,5		2129,5											
0,00105	2237̄		2129		$0{,}999_5$	$0{,}000_5$	1,000̄	2130̄	10	0,0105	0,0001	0,1	2130	96,8̄	96,8
		106,0		2120											
0,0011	2343̄		2110		$0{,}990_5$	$0{,}004_5$	0,995	2120̄	30	0,0330	0,0106	9,6	2129	94,6	94,7
		104,0		2080											
0,00115	2447̄		2050		$0{,}962_5$	0,019̄	0,981	2090̄	851	0,9786	0,0436	38	2128	91,8	92,6
		90		1800											
0,0012	2537		800		0,376	0,206	0,582	1239	1239	1,4868	1,0222	851	2090	69,4	90,2
		35		100											
0,00124	2572		0		0,000		0,000	0	0	—	2,5090	2021	2021	0	88,1
0,00125	2529		0					0	0	—	2,4800	1985	1985	0	88,0
0,0170	2529		0					0	−30	−0,5100	2,4800	146	146	0	23,9
		1													
0,0175	2530		8		0,004̄	0,010	0,014̄	30	−51	−0,8925	1,9700	113̄	143	10,8	23,6
		8		16											
0,0180	2538		24		0,011	0,027	0,038	81	−38	−0,6840	1,0775	60	141	17,7	23,4
		15		30											
0,0185	2553		35		$0{,}016_5$	$0{,}039_5$	0,056	119	− 6	−0,1110	0,3935	21	140	21,4	23,3
		18		36											
0,0190	2571		37		$0{,}017_4$	0,041	$0{,}058_5$	125	0	—	0,2825	15̄	140̄	21,9	23,2
		37		37											
0,0200	2608		37		$0{,}017_4$	0,041	$0{,}058_5$	125̄	0	—	0,2825	14	139	21,7	23,0̄
		185		37											
0,0250	2793		37		$0{,}017_4$	0,041	$0{,}058_5$	125̄	4	0,1000	0,2825	11	136	21,0	22,0
		182		36,5											
0,0300	2975		36		0,017	0,040	0,057	121	6	0,1800	0,3825	13	134	20,0	21,1
		176		35											
0,0350	3151		34,5		0,016	0,038	0,054	115	6	0,2100	0,5625	16	131	19,0	20,2
		166		33											
0,0400	3317		32		0,015	0;036	0,051	109̄			0,7725	19	128	18,0	19,5

genügt sogar ein einmaliges Ausmittlungsverfahren, da die hiermit zu gewinnenden Werte in der Berechnung nicht so stark in Erscheinung treten.

Für die Berechnung ist dann zunächst die engere Austeilung der Formänderungslinien in Abständen $\Delta\varepsilon = 0{,}0001$ erforderlich, und daraus ergeben sich die Einzelwerte ε_r, σ_r und weiterhin $E'_r = \dfrac{\Delta\sigma_r}{\Delta\varepsilon_r}$. Die vollständige Berechnung für die Probe 9 ist dann in Tafel 12 zusammengestellt. Der dem Karmanschen Knickmodul T_K entsprechende Schlankheitsgrad λ_K und der dem verbesserten Knickmodul T entsprechende Schlankheitsgrad λ sind in den

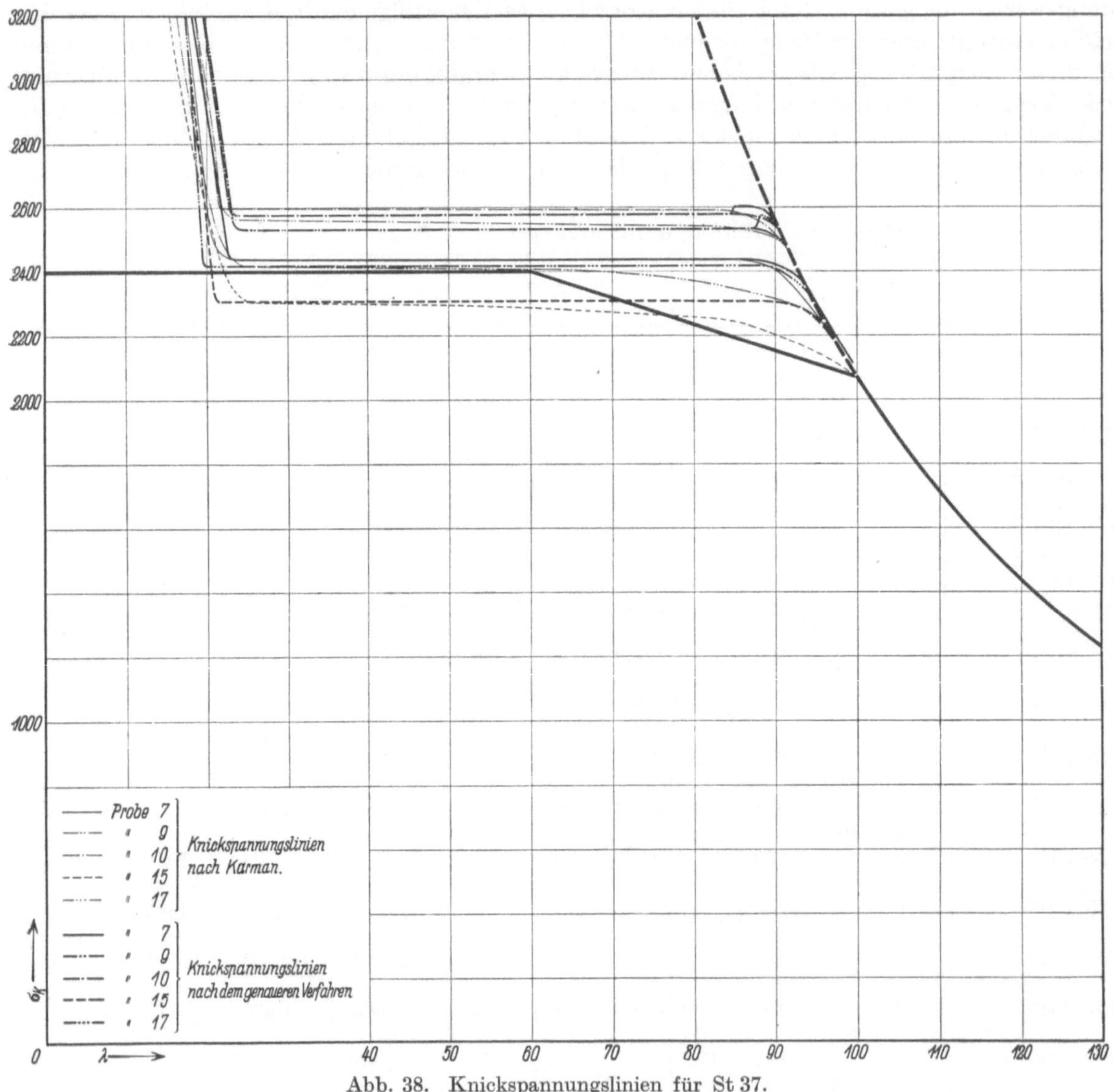

Abb. 38. Knickspannungslinien für St 37.

letzten beiden Spalten der Tafel 12 angegeben. Wie aus Abschnitt II hervorgeht, **muß für die Ermittlung der genaueren Knickmoduli T der ganze vor dem Erreichen des betreffenden Spannungswertes σ_n gelegene Abschnitt der σ-ε-Linie bis zur Proportionalitätsgrenze berücksichtigt werden**, entsprechend dem Tafelwert:

$$\sum_1^{n-1}\varepsilon_r(T_r - T_{r+1}).$$

Die nach den Karmanschen Knickmoduli T_K sowie nach den genaueren Knickmoduli T ermittelten Knickspannungslinien sind für die drei untersuchten Werkstoffe in den Abb. 38÷40 zusammengestellt. Den nach Karman ermittelten Knickspannungslinien haftet, wie bereits in Abschnitt II dargelegt, eine gewisse Willkür an, namentlich sobald man sich der Fließgrenze nähert. An der Spitze der oberen Fließgrenze oder beim Übergang zur Fließgrenze wird $E' = 0$, mithin auch $T_K = 0$ und $\lambda_K = 0$. Für Werkstoffe mit ausgesprochener Fließ-

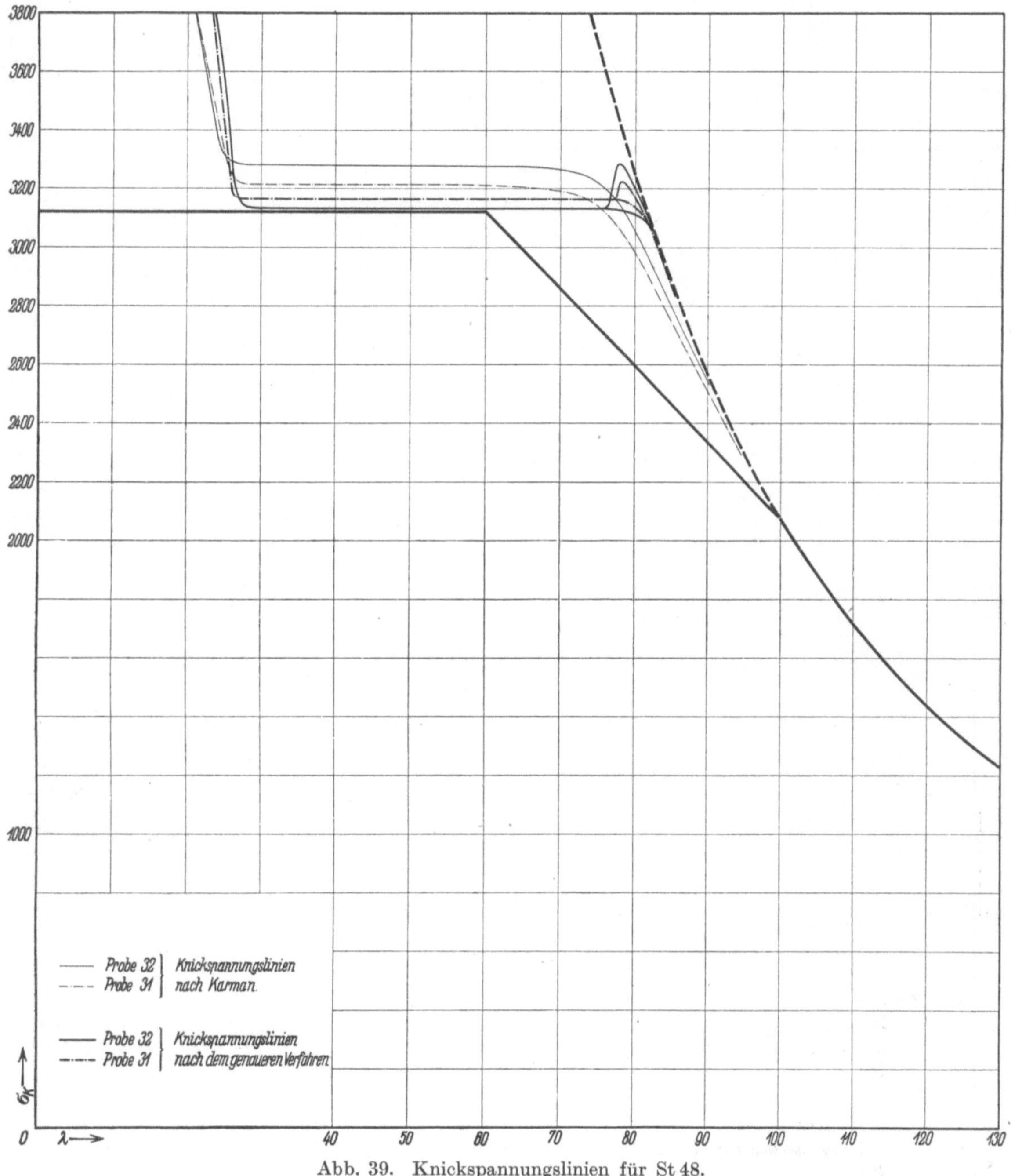

Abb. 39. Knickspannungslinien für St 48.

grenze ergibt sich im Fließbereich die Knickspannungslinie mithin als schwach geneigte Gerade, und strenggenommen hat diese Gerade zunächst bis $\lambda_K = 0$ Gültigkeit. Auch für sämtliche Zwischenwerte von σ_n des Fließbereiches wird $\lambda_K = 0$. Geht man nun aber zu dem wiederaufsteigenden Ast der σ-ε-Linie über, dann ergeben sich nach Karman zunächst für wachsende σ_n-Werte wachsende Schlankheitswerte, welche erst beim weiteren Anwachsen der Spannungen wieder abnehmen (vgl. Tafel 13). Trägt man die errechneten Schlankheitswerte auf, so ergibt sich hier eine Schleife, welche in den aufsteigenden Ast der Knickspannungslinie übergeht, und welche bei Werkstoffen mit oberer und unterer Streckgrenze bei $\lambda_K = 0$

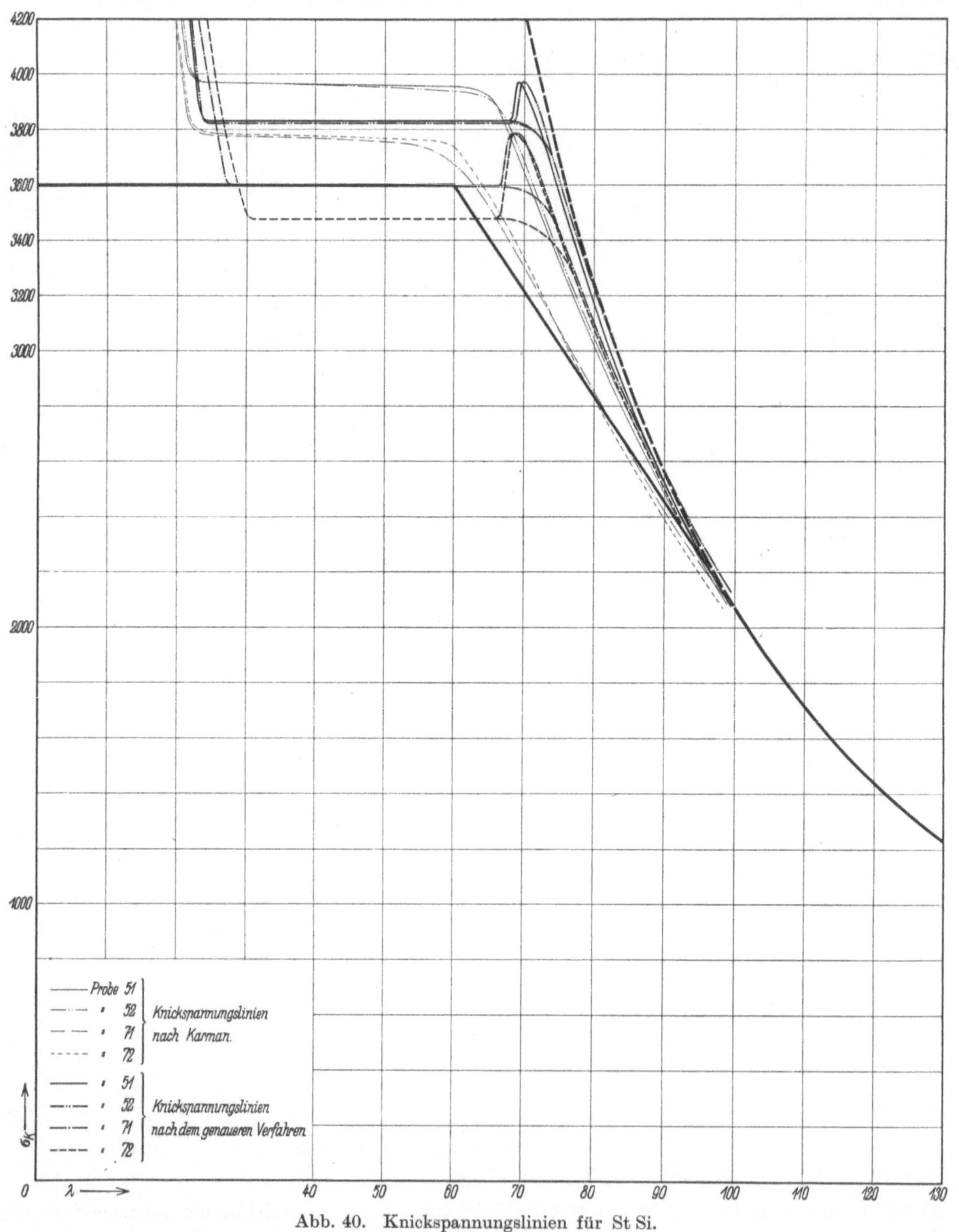

Abb. 40. Knickspannungslinien für St Si.

einen dem Unterschied zwischen beiden entsprechenden senkrechten Ast aufweist, während sich sonst bei $\lambda_K = 0$ eine Spitze zeigt. Für die zwei Beispiele der Probe 9 aus St 37 und der Probe 71 aus St Si haben wir diese Schleifen in Abb. 41 dargestellt. Probe 9 zeigt geringen

Tafel 13. Knickmoduli und Schlankheitsgrade nach Druckversuchen mit Proben aus St Si.

	Probe 51						Probe 71				
σ_K	Nach Karman		Nach dem genaueren Verfahren			σ_K	Nach Karman		Nach dem genaueren Verfahren		
	T_K	λ_K	ΔT	T	λ		T_K	λ_K	ΔT	T	λ
1664	2080	111,1	—	2080	111,1	1463	2090	118,7	—	2090	118,7
1872	2076,5	104,5	3	2079,5	104,6	1672	2089	111,0	1	2090	110,1
2079	2068,5	99,0	10	2078,5	99,3	1880	2081	104,4	8	2089	104,8
2283	2054,5	94,3	$2\overline{2}$	2076	94,7	2085	2059	98,7	27	2086	99,3
2484	2035,5	89,9	37,5	2073	90,8	2284	2020	93,4	60	2080	94,8
2681	2011,5	86,0	56,7	2068	87,2	2474	1966	88,5	105	2071	91,0
2873	1983	82,5	79	2062	84,1	2654	1909	84,3	149	2058	87,5
3059	1950	79,2	105	2055	81,4	2824	1854	80,5	190	2044	84,5
3239	1913	76,4	133	2046	79,0	2984	1789	77,0	238	2027	81,8
3412	1872	73,5	163	2035	76,6	3133	1724	74,0	283	2007	79,4
3578	1827	71,0	197	2024	74,8	3273	1656	70,7	332	1988	77,4
3737	1778	68,5	233	2011	72,9	3402	1587	67,7	378	1965	75,4
3815	1748	67,2	256	2004	72,0	3521	1511	65,0	429	1940	73,7
3888	1715	66,1	282	1997	71,2	3628	1412	62,1	502	1914	72,2
3952	1470	60,6	514	1984	70,4	3719	1234	57,2	648	1882	70,8
3969	0	0	1936	1936	69,5	3753	1052	52,5	811	1863	70,0
3832	0	0	1865	1865	69,3	3777	482	35,6	1349	1831	69,2
3832	0	0	232	232	24,5	3783	0	0	1798	1798	68,5
3837	37,5	9,8	184	222	23,9	3597	0	0	1705	1705	68,4
3856	100	16,0	115	215	23,6	3597	0	0	284	284	28,0
3895	154	19,8	58	212	23,2	3600	14,6	6,4	260	274,5	27,4
3943	177	20,5	33	210	22,9	3627	144,3	19,9	121,5	265	26,9
4001	185	21,4	24	209	22,6	3679	175,6	21,7	85	260,5	26,5
4060	186	21,3	22	208	22,5	3735	181,2	21,9	74,5	256	26,1
4119	185	21,1	22	207	22,3	3793	181,2	21,8	70,4	251,5	25,7
4176	183	20,8	23	206	22,1	3909	178	21,2	66	244	24,8
4453	164	19,1	39	203	21,2	4185	167	19,9	62	229	23,3
						4440	161	19,0	56,5	217,5	22,0

Abfall von der oberen zur unteren Fließgrenze und Probe 71 einen stärkeren (vgl. Tafel 9). Hier zeigen sich die Unstimmigkeiten, die sich bei strenger Auswertung der Formänderungslinien nach Karman ergeben, mit aller Deutlichkeit, und man erhält im Bereich der Schleife für gleiche Schlankheitsverhältnisse zwei Knickspannungswerte und in der Nähe des aufsteigenden Astes sogar deren drei. Dieser unnatürliche Verlauf der Knickspannungslinie kann dem tatsächlichen Verhalten der Werkstoffe nicht entsprechen, und man ist genötigt, unter Vernachlässigung der Schleife einen willkürlichen, stetigen Übergang zum aufsteigenden Ast der Knickspannungslinien anzunehmen, wie in Abb. 41 gestrichelt eingetragen.

Die nach dem genaueren Verfahren ermittelten Knickspannungslinien ergeben in strenger Anlehnung an die Berechnung einen durchaus natürlichen Verlauf. Da unser Zusatzwert ΔT den unterhalb der betreffenden Spannung liegenden Teil der Knickspannungslinie bis zur P-Grenze mit erfaßt, wird beim Erreichen der oberen Fließgrenze $T (= \Delta T) > 0$. Der

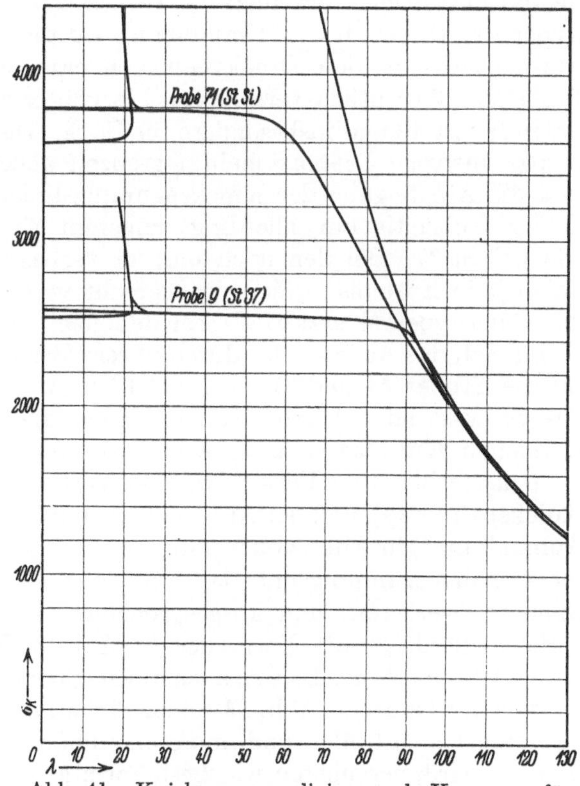

Abb. 41. Knickspannungslinien nach Karman für Stähle mit oberer und unterer Streckgrenze.

Fließbeginn kennzeichnet dann unseren nächsten Spannungswert σ_n, für welchen wir T ermitteln können. Da der Abfall von der oberen Fließgrenze bis zu diesem Punkt spannungslos erfolgt, ergibt sich hier für $\varDelta T$ fast der gleiche Wert wie bei der oberen Fließgrenze, nur ist er bezogen auf einen anderen Wert σ_n und auf einen allerdings nur ganz wenig größeren Wert ε_n. Für jeden Punkt des Fließbereichs läßt sich dann in gleicher Weise für die verschiedenen Werte ε_n das zugehörige Schlankheitsverhältnis λ ermitteln, und wir erhalten in strenger Erfüllung unserer genaueren Beziehungen einen der unteren Fließgrenze entsprechenden waagerechten Verlauf der Knickspannungslinie bis zum Übergang nach dem wiederansteigenden Ast der σ-ε-Linie. Auch dieser Übergang liefert uns nach unseren genaueren Beziehungen einen bestimmten, stetigen Übergang der σ_K-Linie zu ihrem aufsteigenden Ast. Diese genauere Knickspannungslinie kann sich ganz wesentlich von der Karmanschen unterscheiden; zunächst einmal bei einem Werkstoff mit oberer und unterer Fließgrenze durch eine entsprechend tiefere Lage des waagerecht verlaufenden Astes. Wie groß hierbei der Unterschied der Knickspannungen werden kann, zeigen die Darstellungen der Abb. 40.

Die Ermittlungen im Sinne unserer genaueren Beziehungen würden den Abfall von der oberen bis zur unteren Fließgrenze, entsprechend den in Abb. 38÷40 eingezeichneten, mehr oder weniger ausgeprägten Spitzen, auch für die Knickspannungslinie ergeben. Für praktische Fälle wird diese Spitze jedoch durch einen stetigen Übergang aus dem unteren Ast des Eulerbereichs in die untere Fließgrenze zu ersetzen sein, weil das Erreichen der oberen Fließgrenze bei einem Knickstab den störungsfreien Knickvorgang in strengem Sinne bedingen würde, und weil auch zweifellos die sich in der σ-ε-Linie ausdrückende Empfindlichkeit des Formänderungsvorgangs das Erreichen der oberen Fließgrenze kaum erwarten läßt. Zudem ist die obere Fließgrenze bekanntlich ein höchst unsicherer, von der Probenform, der Belastungsgeschwindigkeit und auch vom Walzvorgang abhängiger Wert. Immerhin aber könnte unter gewissen günstigen Voraussetzungen diese Möglichkeit eintreten, und vielleicht läßt sich dadurch auch der mit der oberen Fließgrenze fast übereinstimmende, aber sonst aus der Reihe der übrigen Knicklasten herausfallende Wert für Versuch 17 in Abb. 28 erklären.

Wie Abb. 38 zeigt, entsprechen die Knickspannungslinien für St 37, und zwar sowohl die Karmanschen als auch die verbesserten, im elastischen Bereich fast genau der Eulerhyperbel. Diese Übereinstimmung ist auf die relativ hochliegenden Proportionalitätsgrenzen, wie sie sich aus den Druckversuchen ergeben haben, zurückzuführen (vgl. auch Abb. 35, Probe 9). Wesentlich verschieden hiervon ergibt sich aber der Verlauf der Knickspannungslinien für St 48 und insbesondere für St Si. Die Druckversuche mit diesen Werkstoffen haben relativ niedrige Proportionalitätsgrenzen geliefert (vgl. auch Abb. 35, Proben 32 und 51), und die Abzweigung der Knickspannungslinien von der Eulerhyperbel setzt hier verhältnismäßig frühzeitig ein, allerdings ungefähr bei dem gleichen Schlankheitsverhältnis $\lambda \approx 100$ wie bei St 37. Bei den nach unserer verbesserten Beziehung ermittelten Knickspannungslinien jedoch ist bis zu dem waagerecht verlaufenden Ast eine weit größere Annäherung an die Eulerhyperbel erzielt als bei den nach Karman berechneten. In Zahlen ausgedrückt ergibt sich das Ausmaß der durch unsere Beziehungen erzielten Verbesserungen beispielsweise für die Proben 51 und 71 nach Tafel 13. Auch hier zeigt sich besonders deutlich der Einfluß des verbessernden Wertes $\varDelta T$, und auch die Annäherung an die durch Knickversuche gewonnenen Knicklasten bzw. Knickspannungen ist hierbei weitaus zufriedenstellender.

Hinsichtlich ihrer Form bzw. ihres Verlaufes zeigen auch unsere nach Karman ermittelten Knickspannungslinien der Abb. 38÷40 deutliche Abweichungen von der in der Karmanschen Abhandlung[5]) in Abb. 23 dargestellten (vgl. auch unsere Abb. 2). Die Form dieser Karmanschen Knickspannungslinie läßt fast darauf schließen, daß der zu den Druckproben verwendete Werkstoff kein ausgesprochenes Fließbereich aufwies. Dieser Vermutung widerspricht allerdings die Form der in Abb. 6 der Karmanschen Abhandlung dargestellten Druckdehnungslinie. Da sich auch in verschiedenen neueren Berichten und Abhandlungen[24)25)] die von Karman in Abb. 23 seiner Abhandlung angegebene Form der Knickspannungslinie ausnahmslos vorfindet, und in diesen Abhandlungen auf die heute gebräuchlichen Werkstoffe bezogen wird, versuchten wir diese Form aus einem abweichenden Spannungsdehnungsgesetz herzuleiten. Wie bereits am Schlusse des Abschnittes IV, 1, B dargelegt, ist zunächst der

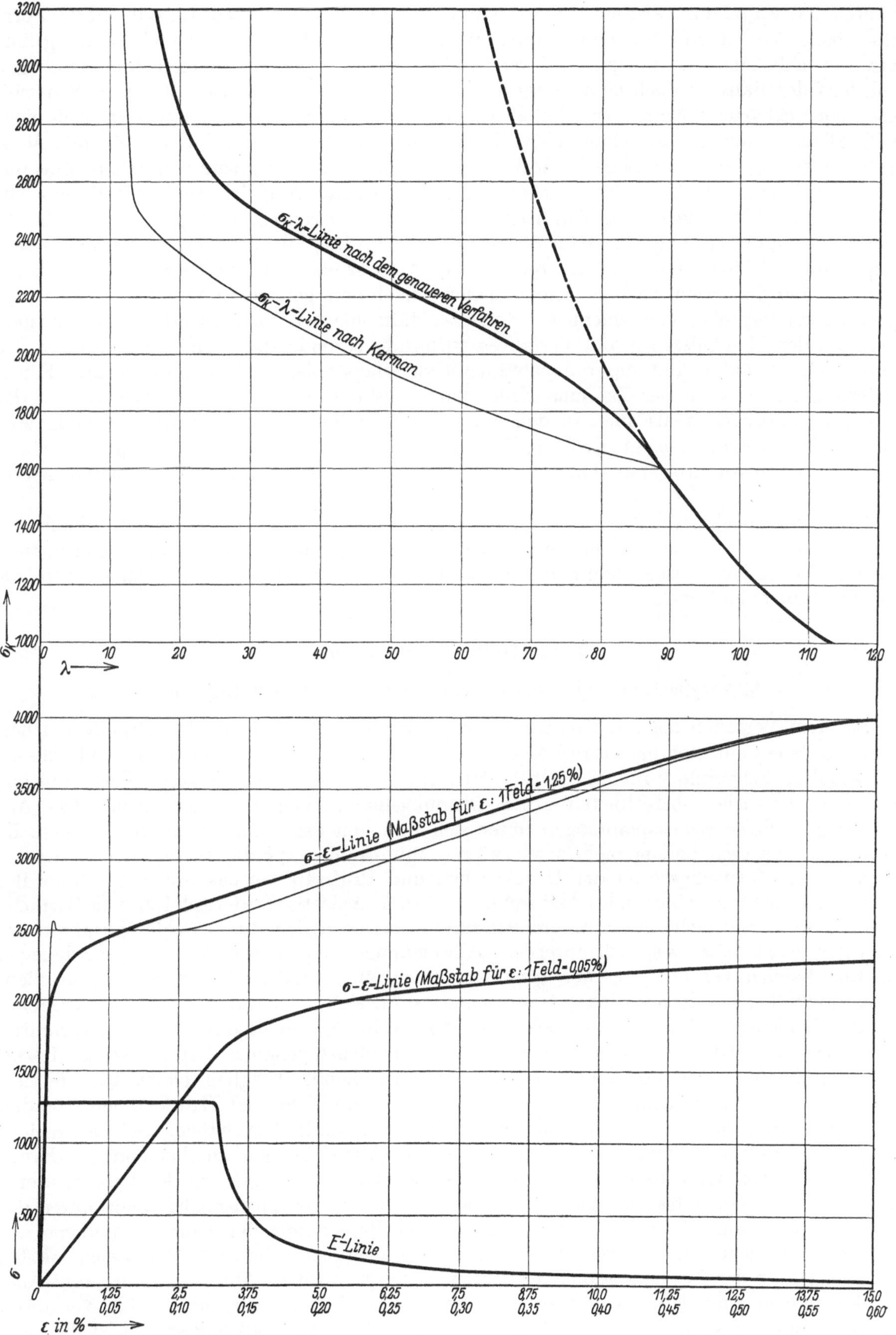

Abb. 42. Knickspannungslinien für einen Werkstoff mit abweichendem Formänderungsgesetz.

Übergang der σ-ε-Linie zwischen P-Grenze und Fließgrenze von starkem Einfluß auf die Form des Übergangs der Knickspannungslinie. Wenn sich nun aber in der Knickspannungslinie daran anschließend kein waagerechter oder (nach Karman) nahezu waagerechter Ast zeigen soll, darf der Baustoff auch keine ausgesprochene Fließgrenze aufweisen, wie z. B. Schweißeisen oder gehärteter Stahl. In Abb. 42 ist ein derartiges Formänderungsgesetz nach einer willkürlichen Annahme in Schaubildern dargestellt. Gleichzeitig mit der in kleinerem Maßstabe wiedergegebenen σ-ε-Linie ist dort auch das Formänderungsgesetz eines Baustoffes mit ausgesprochenem Fließbereich in einem dünnen Linienzug vergleichsweise mit dargestellt. Die in diesen Linienzügen zum Ausdruck kommenden P-Grenzen, Fließgrenzen und Bruchgrenzen entsprechen ungefähr dem Werkstoff St 37. Die aus dem Formänderungsgesetz hergeleitete E'-Linie ist in dem unteren Teil der Abb. 42 ebenfalls zur Darstellung gebracht. Darüber sind die sowohl nach Karman als auch nach dem genaueren Verfahren ermittelten Knickspannungslinien eingezeichnet. Zunächst fällt hierbei der wesentliche Unterschied zwischen den Ergebnissen beider Verfahren wiederum besonders stark ins Auge. Durch das willkürlich gewählte und unseren gebräuchlichen Baustählen nicht entsprechende Formänderungsgesetz ist in der Tat eine Knickspannungslinie erreicht, deren Form sowohl der in der Karmanschen als auch in den anderen Abhandlungen dargestellten ungefähr entspricht. Man erkennt aber, daß die Voraussetzungen für einen derartigen Verlauf in den Formänderungsgesetzen unserer heute gebräuchlichen Werkstoffe nicht gegeben sind.

Unter der Annahme, daß die von Tetmajer[2]) zu seinen Versuchen verwendeten Baustoffe möglicherweise σ-ε-Linien wie in Abb. 42 dargestellt, ungefähr entsprachen, läßt sich auch die von Tetmajer ausgemittelte Gerade und deren Neigung gegen die Waagerechte als ungefähr zutreffend erklären.

3. Schlußbetrachtungen.

A. Vergleich der nach beiden Verfahren gewonnenen Ergebnisse.

Bei dem Vergleich der aus den Knickversuchen einerseits und aus den Druckversuchen andererseits gewonnenen bzw. errechneten Knickspannungen sprechen die in den Abb. 26÷28 dargestellten Schaubilder für sich selbst. Hier sind die nach dem genaueren Verfahren aus den Druckversuchen berechneten Knickspannungslinien ebenfalls eingetragen. Die Abweichungen dieser Knickspannungen unter sich und von den unmittelbar durch Versuche gewonnen sind, wie bereits mehrfach erwähnt, unmittelbar auf die verschiedenen Streckgrenzen bzw. Quetschgrenzen der Druckproben und Prüfstäbe zurückzuführen. Unter Berücksichtigung dieses Umstandes darf wohl, soweit der unelastische Bereich selbst in Betracht kommt, von einer recht guten Übereinstimmung zwischen den durch beide Verfahren gewonnenen Ergebnissen gesprochen werden. Abweichungen in gewissem Ausmaße sind dagegen im Eulerbereich bei den hochwertigen Baustählen, insbesondere bei St Si, festzustellen. Diese Abweichungen dürfen wir zur Hauptsache auf die sich bei den Druckversuchen ergebenden relativ niedrigen P-Grenzen zurückführen (vgl. Abb. 35). Bei dem Ausmittlungsverfahren (Abschnitt IV, 2, B) war das Streben nach einer möglichst genauen Anpassung der Formänderungslinien an die beobachteten Werte vorherrschend. Fraglich bleibt aber immer, welche Größe die Abweichung der Spannungs-Dehnungslinie von der Hookeschen Geraden annehmen muß, um auf die Eulerlast herabmindernden Einfluß zu haben. Bei den Knickversuchen haben sich (vgl. Tafel 6 und 7) kleinere Abweichungen anscheinend überhaupt nicht ausgewirkt, denn die in der Überzahl feststellbare gute Anpassung der Versuchswerte an die Eulerhyperbel bis zu Spannungen, welche jeweils verhältnismäßig dicht unter der Streckgrenze liegen, beweist dies durchaus. In der Berechnung der Knickspannungen aus den Druckversuchen andererseits aber mußten Abweichungen dieser Größe, welche ja bei der Ermittlung der Formänderungslinien berücksichtigt wurden (Abb. 35), sofort zum Ausdruck kommen, und dadurch ergeben sich die Unterschiede in den durch beide Verfahren gewonnenen Knickspannungen. Die Vermutung liegt aber nahe, daß es gestattet ist, bei dem Ausmittlungsverfahren etwas mehr Freiheit zu beobachten und die Formänderungslinien für den weiteren Rechnungsgang so zu ermitteln, daß den tatsächlich wirksamen, jeweiligen Proportionalitätsgrenzen einigermaßen entsprochen wird.

B. Zusammenfassung der wichtigsten Ergebnisse.

1. Die nach dem hier beschriebenen verfeinerten Verfahren durchgeführten Knickversuche ermöglichen eine gute Annäherung an den störungsfreien Knickvorgang und haben infolgedessen im unelastischen Knickbereich erträgliche Streuungen der Knicklasten ergeben.

2. Für die Darstellung der Formänderungslinien ist die Verwendung zylindrischer Druckproben mit kreisförmigem Querschnitt und mit einem Schlankheitsverhältnis von ungefähr $\lambda = 13$ zu empfehlen.

3. Aus dem so gewonnenen Formänderungsgesetz lassen sich nach den in Abschnitt II entwickelten genaueren Verfahren die Knickspannungen für das unelastische Bereich mit ausreichender Genauigkeit berechnen.

4. Zwischen den nach diesen zwei verschiedenen Verfahren gewonnenen Knickspannungen besteht ausreichende Übereinstimmung.

5. In Bestätigung früherer Arbeiten lassen die Streuungen der Knicklasten erkennen, daß die Unregelmäßigkeit praktischer Ausführungen im elastischen Knickbereich nur geringfügigen und im unelastischen Bereich größeren Einfluß auf die Knicklasten haben.

6. Für die Größe der Knickspannungen im unelastischen Bereich ist die Streckgrenze bzw. die Quetschgrenze maßgebend, und die Forderung von Mindestwerten in den Gütevorschriften ist zur Vermeidung allzu großer Abweichungen der Knickspannungen nach unten durchaus geboten.

7. Die Knickspannungslinien im unelastischen Bereich entsprechen bei den geprüften Baustoffen etwa bis zu den Schlankheiten $\lambda = 20 \div 30$ herunter einer waagerechten Geraden, welche durch die untere Quetschgrenze des Baustoffes unmittelbar gegeben ist.

8. Geringfügiges frühzeitiges Abweichen der Spannungs-Dehnungslinie von der Hookeschen Geraden hat keinen vermindernden Einfluß auf die Knicklasten im elastischen Bereich.

9. Durch die Ergebnisse der Versuche ist die Richtigkeit der von Zimmermann aufgestellten erweiterten Knicktheorie in vollem Umfange erwiesen.

10. In ihrer Gesamtheit bestätigen die nach beiden Verfahren gewonnenen Ergebnisse im wesentlichen die in den Reichsbahnvorschriften angenommenen Knickspannungslinien für die Baustähle St 37, St 48 und St Si.

Stahl im Hochbau. Taschenbuch für Entwurf, Berechnung und Ausführung von Stahlbauten. Achte, nach den neuesten Festlegungen bearbeitete Auflage. Mit Unterstützung vom Stahlwerks-Verband Aktiengesellschaft, Düsseldorf und Deutschen Stahlbau-Verband, Berlin herausgegeben vom Verein deutscher Eisenhüttenleute, Düsseldorf. Mit zahlreichen Abbildungen und Figuren. XXIV, 761 Seiten. 1930. Gebunden RM 12.—

(Das Werk erscheint gemeinsam im Verlag Stahleisen G. m. b. H., Düsseldorf, und Julius Springer, Berlin)

Stahl und Eisenbeton im Geschoßgroßbau. Ein wirtschaftlicher Vergleich. Von Dr. techn. **Gustav Spiegel.** Mit 5 Textabbildungen und 25 Zahlentafeln. IV, 37 Seiten. 1928. RM 1.90

Die Einsatzhärtung von Eisen und Stahl. Berechtigte deutsche Bearbeitung der Schrift „The Case Hardening of Steel" von Harry Brearley, Sheffield. Von Dr.-Ing. **Rudolf Schäfer.** Mit 124 Textabbildungen. VIII, 250 Seiten. 1926. Gebunden RM 19.50

Die Konstruktionsstähle und ihre Wärmebehandlung. Von Dr.-Ing. **Rudolf Schäfer.** Mit 205 Textabbildungen und 1 Tafel. VIII, 370 Seiten. 1923. Gebunden RM 15.—

Spannungskurven in rechteckigen und keilförmigen Trägern. Theorie und Versuch über Spannungsverteilung als Scheibenproblem mit besonderer Berücksichtigung der lokalen Störung. Von **Akira Miura,** Professor an der Kaiserlichen Universität Kioto. Mit 142 Abbildungen im Text und auf 6 Tafeln. V, 111 Seiten. 1928. RM 11.—; gebunden RM 12.50

Die Knickfestigkeit. Von Privatdozent Dr.-Ing. **Rudolf Mayer,** Karlsruhe. Mit 280 Textabbildungen und 87 Tabellen. VIII, 502 Seiten. 1921. RM 20.—

Der Eisenbau. Von **Martin Grüning,** ord. Professor an der Technischen Hochschule zu Hannover. Erster Band: Grundlagen der Konstruktion, feste Brücken. Mit 360 Textabbildungen. („Handbibliothek für Bauingenieure", IV. Teil: Konstruktiver Ingenieurbau, Band 4.) VIII, 441 Seiten. 1929. Gebunden RM 48.—

Die Eisenkonstruktionen. Ein Lehrbuch für Schule und Zeichentisch nebst einem Anhang mit Zahlentafeln zum Gebrauch beim Berechnen und Entwerfen eiserner Bauwerke. Von Dipl.-Ing. Professor **L. Geusen,** Dortmund. Vierte, vermehrte und verbesserte Auflage. Mit 529 Abbildungen im Text und auf 2 farbigen Tafeln. VII, 310 Seiten. 1925. Gebunden RM 21.—

Theorie und Berechnung der eisernen Brücken. Von Dr.-Ing. **Friedrich Bleich.** Mit 486 Textabbildungen. XI, 581 Seiten. 1924. Gebunden RM 37.50

Eiserne Brücken. Bearbeitet von Regierungsbaumeister **Karl Bernhard,** Zivilingenieur und Privatdozent an der Technischen Hochschule zu Berlin. („Deutsches Bauhandbuch", Der Brückenbau. I. Band.) Mit etwa 700 Abbildungen im Text und 13 Tafeln. XIV, 545 Seiten. 1911. Gebunden RM 16.—